泛春蠢

偵測99%聰明人都會遇到的思考盲區，
哥倫比亞商學院的高效決斷訓練

Think
Twice

Harnessing
the Power of
Counterintuition

Michael J. Mauboussin

麥可・莫布新————著　　胡瑋珊————譯

CONTENTS

星群比它最亮的星星來得重要

光環效應

聰明反被聰明誤

沒有人一早醒來就想著,「今天我要做出壞決定」。然而,我們都會做出壞決定。尤其令人驚訝的是,某些最大的錯誤是由根據客觀標準而言非常有智慧的人所犯下的。聰明人會犯下龐大、愚蠢而且後果嚴重的錯誤。

　　2008 年 12 月，兩件似乎毫無關連的事件相繼發生。首先是心理學教授史蒂芬‧葛林斯班（Stephen Greenspan）發表其著作《上當受騙紀事錄》（*Annals of Gullibility*）。葛林斯班在書中解釋，我們何以容許他人占我們便宜的原因，其中也討論了涵蓋金融、學術與法律等領域的欺騙案例。最後，他以提供不再上當受騙的有益忠告，做為這本書的結論。

　　第二件事則是由柏納德‧馬多夫（Bernard Madoff）所主導、史上最大龐氏騙局（Ponzi scheme）的曝光，不疑有他的投資人付出了超過 600 億美元的代價。龐氏騙局是一種詐欺犯罪手法，基金管理人運用來自於新加入投資人的資金，以支付先前的投資人。由於沒有實質合法的投資活動，當幕後操盤者找不到足夠的新投資人時，整個騙局就會崩盤。當投資人被金融海嘯嚇壞了、紛紛要求贖回投資資金，而馬多夫無法滿足時，他的騙局便全盤瓦解。

　　諷刺的是，聰明而又深受敬重的葛林斯班，竟然在馬多夫主導的龐氏騙局裡失去其退休積蓄的 30％。[1] 以上當受騙為題寫了本書的作者，最終還是被有史以來最偉大的騙徒所欺騙。持平而論，葛林斯班並不認識馬多夫。他投資了一支把資金轉投資到這個騙局的基金。而葛林斯班慷慨仁慈地分享了他的故事，說明他為何會被以後見之明來看，好到不可能是真實的投資報酬所吸引。

如果你要求人們回答，有哪些形容詞是與良好的決策者相關，通常可見「有智慧」和「聰明」等字眼。不過，歷史上有許多因為認知錯誤，聰明人做了壞決定而造成可怕後果的例子。讓我們來看以下這些案例：

- 1998 年夏季，美國避險基金「長期資本管理公司」（Long-Term Capital Management, LTCM）損失超過40 億美元，最後必須由銀行團出資拯救。長期資本管理公司）的資深專業人員（其中有兩位還是諾貝爾經濟學獎得主），在危機發生之前一直都相當成功。就一個團體而言，這些專業人員擁有全球任何組織中最頂尖的心智，而且他們自己也是其所管理基金的投資大戶。後來之所以失敗，是因為他們的金融模型未曾充分考慮到大幅的資產價格波動所致。[2]

- 2003 年 2 月 1 日，美國哥倫比亞號太空梭在重返地球大氣層時解體，機上 7 名組員全部罹難。國家航空太空總署（NASA）擁有全球公認最頂尖與最聰明的工程師。哥倫比亞號太空梭之所以解體，是由於一片泡沫絕緣材料在起飛發射時脫落，繼而損害了太空梭重返地球時保護機體免於高熱的能力。泡沫絕緣碎片並非新的問題，但因為之前沒出過意外，工程師便忽視了這個問題。與其考慮碎片的風險，航太總署反而把沒出現問題當成萬事平安的證據。[3]

- 2008 年秋天，在短短數週內，冰島的前三大銀行相繼破產，國家幣值貶值超過 70％，股市則狂跌超過 80％。當銀行部門於 2003 年私有化之後，大型銀行將其資產從原本約為冰島國內生產毛額的一倍，增加為將近十倍，速度之快被稱為「人類有史以來銀行體系的最快速擴張」。世人公認冰島的國民教育良好、慎重自制，但人民卻捲入了以債養債的消費狂潮，資產價值上揚飆漲。在冰島，或許每一位個體都能夠將自己的決定合理化，然而集體而言整個國家卻朝著經濟的懸崖快速墜落。[4]

沒有人一早醒來就想著，「今天我要做出壞決定」。然而，我們都會做出壞決定。尤其令人驚訝的是，某些最大的錯誤是由根據客觀標準而言非常有智慧的人所犯下的。聰明人會犯下龐大、愚蠢而且後果嚴重的錯誤。

多倫多大學心理學家齊思・史坦諾維奇（Keith Stanovich）認為，我們用來判斷聰明與否的智力商數（intelligent quotient, IQ）測驗，未能測量優質決策所需的基本元素。「雖然大多數人表示，理性思考的能力是優越智慧的明顯表徵，」他認為，「標準的智商測驗卻無法測試出一個人有無理性思考的能力。」[5]心智的彈性、內省能力，以及適切調整、校準證據的能力，都是理性思考的核心，但在智商測驗裡卻大都付之闕如。

聰明人之所以會做出壞決定，是因為他們就如我們一般人一樣，在心智軟體上都擁有相同的「出廠設定」，但這套軟體的設計並非為了處理今日的諸多問題。因此，我們的心智經常想要以「出廠設定」的方式來看待這個世界，而事實上另一種較佳的方式卻需要一些心智上的努力。一個簡單的例子是光學的幻影：你認知到某一個影像，但實相卻是不同的東西。

除了心智軟體的問題之外，聰明人之所以會做出壞決定，是因為他們抱持錯誤的信念。比方說，以創造偵探福爾摩斯聞名的亞瑟・柯南・道爾爵士（Sir Arthur Conan Doyle），就相信多種型態的靈魂論，例如仙子的存在。這些信念會阻礙我們進行清晰的思考。要做出好的決定，你必須經常再想一下，而這正是我們的心智所不願意的。

聚焦在錯誤上似乎聽來沮喪，不過本書實際上是一個關於機會的故事。機會以兩種面貌呈現在我們面前。首先，透過更清晰地思考問題，你能夠減少所犯錯誤的數量。根據史坦諾維奇和其他人的研究，如果你在聰明人下決定之前，能事先向他們解釋，問題可能會如何出錯，則他們解決問題的表現會比毫無指引時要好。史坦諾維奇大聲疾呼，「聰明人也需要被提醒，才能表現得更好！」其次，你也能看到其他人所犯的錯誤而加以運用。正如敏銳精明的生意人所知之甚詳的，一個人的錯誤是另一個人的機會。假以時日，最能理性思考的人就會是贏家。本書即是討論如何認清這些機會。

接下來，我將帶領你走過以下三大步驟：

- **準備**。第一個步驟是心智準備，此過程將讓你學習到我們常犯的錯誤。在每一章節裡，我會討論一個錯誤，佐以一些專業上的實例，同時提供學術研究資料，來解釋這些錯誤發生的原因。我也會檢討這些錯誤如何造成重大的後果。即使擁有最佳的意圖，投資人、商人、醫師、律師、政府官員，以及其他專業人士仍然做出拙劣的決策，而且通常付出極高的成本。

- **認知**。一旦你知道錯誤的類別，第二個步驟便是認知情境中的問題，或稱為情境知覺。你在此的目標是：認知你所面臨的問題種類、你可能犯錯的風險，以及你需要何種工具以便做出明智選擇。發生錯誤的原因通常起源於一種失調：在你所面對的複雜事實以及你用來對應複雜事實的簡化心智習慣，兩者之間的失調。挑戰在於，如何在表面上看來似乎相異的領域之間，創造心智上的連結。你將明瞭，多元領域的方法能夠在制訂決策時激盪出偉大洞見。

- **運用**。最後也是最重要的步驟是，減少你可能的潛在錯誤。就如同運動員為了準備一項競賽而開發其整體技能，本書的目標是建造或改善一套心智工具，以因應生活實相。

順帶一提，我自己對於這些認知錯誤並沒有免疫力，而且仍然會犯本書中我所描述的每一個錯誤。我個人的目標是，當試圖做決策時，能夠認知到自己正踏入危險區域，然後放慢腳步。關鍵在於，如何在適當的時機尋找到適切的觀點。

■ 準備，認知，運用，然後贏得一件 T 恤

和其他許多教授金融學的老師一樣，我也會跟學生進行實驗，說明聰明人做決策時是如何掉入陷阱。在一項實驗中，我在全班面前拿出一個裝了硬幣的玻璃罐，要求每

個人各自出價投標全部銅板的價值。大多數學生的出價都
比實際價值低，不過還是有些人出價遠高過銅板的價值。
最高的投標者贏得這場拍賣，但其代價則是，支付金額超
出實際幣值。這就是所謂「贏家的詛咒」。這個觀念對企
業併購非常重要，因為企業爭相出價、併購一家目標公司
時，出價最高者往往多付出太多錢。這項實驗讓學生（特
別是獲勝的學生）獲得第一手的寶貴經驗。[6]

為了讓實驗更加有趣，老師們通常會把實驗設計成競
賽，表現最佳者可以獲獎。我曾經參加過哈佛大學主辦，
一場為期兩天的「投資決策及行為金融學」研討會，其中
有幾次這樣的競賽。之前的閱讀與教學經驗早已讓我對這
些實驗相當熟悉。然而，第一次參與實驗時，我的表現平
平，比平均水準還低。不過，後來我研究了其中的原理，
練習認清問題，並且學習適當解決問題的技巧。

第一項實驗是測試「過度自信」。哈佛大學政治學教
授，同時也是橋牌冠軍的查克豪瑟（Richard Zeckhauser）
發給參加者一張列有十個不常見的問題，例如：亞洲象的
懷孕期有多長，然後要求一個最接近正確答案的預測值，

15

以及一個正確答案落在 90％信賴區間的高低預估值。比方說，我可能會推估大象的懷孕期應該比人類長，然後猜測 15 個月。而我也有九成的把握，正確答案會落在 12 到 18 個月當中。如果我的能力與我的信心相符，那麼我會預期十次中有九次，正確答案應該會落在那個區段。不過，事實上大多數人只有 40％到 60％的時候正確，而這反映了人們的過度自信。[7]即使我並不曉得那十個問題的答案，但是我有預感自己可能會在哪些地方出錯，於是便調整了最初的預估。最後我贏了那場競賽，得到一本書。

第二項實驗則展現了理性思考可能出現的失靈情形。實驗中，全球頂尖行為經濟學家理查・塞勒（Richard Thaler）要我們寫下從 0 到 100 中的任一整數，最接近全體平均猜測值三分之二的人獲勝。在一個純粹理性的世界中，所有參加者會冷靜地進行層層推論，最後得出這項實驗最合乎邏輯的解答，也就是 0。不過，這項遊戲的真正挑戰包括必須考慮其他參加者的行為。你可能選了 0 而獲勝，可是如果任何人選擇一個大於 0 的數目，你就無緣得獎。順帶一提，最後獲勝的答案，通常都介於 11 和 13 之間。[8] 我也贏了那場競賽,而且得到一件 T 恤。

塞勒把獎品丟給我的時候,嘴裡邊發牢騷:「你不該得獎,因為你早就知道是怎麼一回事。」

沒錯,我早就知道是怎麼一回事。這就是關鍵所在,也是本書的重點所在。

▌讓難題變簡單的魔術方陣

透過準備和認知,可以提供你新的觀點,用以簡化艱難的問題。由著名的經濟學家賀伯・賽門(Herbert Simon)所構想的遊戲「加總 15」(Sum-to-Fifteen)就是一例。你把九張卡片,數字從 1 到 9,正面朝上放在桌上。兩位玩家輪流挑選卡片,目標是收集到三張加總起來為 15 的卡片。若你未曾玩過這個遊戲,試試看。或者跟朋友或同事提議玩這個遊戲,然後你在一旁仔細觀察他們的舉動。

這算是一個難度中等的遊戲,因為你必須同時記住自

己和對手的加總數目。你必須思考如何主動攻擊,搶先拿
到三張加總為15的卡片;同時也要防衛你的對手如法炮製。

現在,讓我介紹一個魔術方陣,這個遊戲馬上變得輕
而易舉:

$$8 \quad 3 \quad 4$$
$$1 \quad 5 \quad 9$$
$$6 \quad 7 \quad 2$$

請留意這些數字,不論從垂直、水平或者對角線加總
起來都是15。忽然間,這個遊戲變得非常容易,就像童年
時最喜歡的「井字遊戲」(tic-tac-toe,又稱為 naughts and
crosses)。一旦你把這個遊戲視為小時候常玩的井字遊戲,
要獲勝就簡單多了。最差的情況頂多打成平手,輸的話則
就不可原諒了。[9]

如何將我們心智資料庫裡的想法,拿來靈活應付現實
世界裡的棘手問題,對大多數人都是難題。我們的頭腦並
非生而適合「從準備到認知」的過程。沒錯,典型的決策
者只分配25%的時間用在妥當思考問題,以及從經驗中學

習。大多數人都把時間花在蒐集資訊上,因為這樣感覺上頗有進展,在上司面前看起來又勤快。可是,缺乏情境背景的資訊很容易造成錯誤的決定。若未能適當了解你的決策中隱含的挑戰,這份資料對於決策的正確性就毫無幫助,而且事實上還可能把自信心使用在錯誤的地方。[10]

▍你應該專注於過程還是結果?

三個因素決定了你決策的結果:你如何思考問題、你的行動,還有運氣。你可以讓自己熟悉常見的錯誤,認清所處的情境,然後採取可能正確的行動。不過,如同上述所言:運氣,超出你的控制範圍之外,即便它可能在短期之內決定結果。根據這項事實,自然會引發一個基本問題:究竟該根據做決策的過程,還是結果,來衡量決策的品質?

直覺的答案是,專注在結果上。結果是客觀的,同時能區分贏家與輸家。在很多案例中,衡量決策的人相信,一個有利的結果正是一個良好過程的證據。雖然這個想法相當普遍，卻是一個很糟的習慣。若能拋開這個習慣，將有助於你做決策時打開一個充滿洞見的新世界。

我們所面臨最具挑戰性的決策涵蓋了不確定性的元素，而我們表達可能結果的最佳方式便是機率。除此之外，即使資訊不完整，我們還是必須做出決策。當一個決定涵蓋了機率時，良好的決策可能導致壞結果，而壞的決策可能導致好結果（至少短期看來似乎如此）。舉例來說，你在賭場裡玩 21 點，而目前手中的牌加總為 18 點。你不依照玩牌的標準策略而要求發牌，莊家翻出了 3 點，剛好讓你 21 點。這就是一個不好的過程和一個好結果。如果用同樣的好手氣玩 100 次，根據標準策略所主張的，平均來說你還是會輸。

在一個機率的環境中，專注在決策的過程而非結果，對你比較有利。21 點是一種機會的遊戲。意思是如果你遵循機率法則，表現會最好，也就是當手中已經有 17 點或是更多時別叫牌。不過，由於過程中運氣扮演了重要角色，請務必記得：良好的決策並不保證帶來吸引人的結果。如果你做了個好決定卻得到爛結果，把自己整理一下，重新出發，準備好再試一次吧。

在衡量其他人的決定時，同樣也是觀察他們的決策過程而非結果，對你比較有利。許多人之所以成功，大半要歸功於好運氣。常見的情形是，他們完全不知道自己是怎麼做到的。不過，只要幸運停止對他們微笑，他們幾乎總是會得到處罰。同樣的，身懷技能而承受了好一段時間爛結果的人，反而會是值得押寶的好賭注，因為好運氣會隨著時間平均分配。[11]

▌專業人士常犯的重大錯誤

本書對經常要下決策的專業人士特別有益。本書既非常見錯誤的調查，亦非闡述一個重大主題。比方說，大部分書籍若非把焦點放在「展望理論」〔prospect theory，包括損失趨避（loss aversion）、過度自信（overconfidence），框架效應（framing effects）、定錨（anchoring），以及確認偏誤（confirmation bias）〕，就是執著在單一重要觀念上。

[12] 相反的，本書是根據我在投資產業的經驗，以及藉由我在心理學與科學方面的涉獵，試著挑選我認為最有用的觀念。

接下來的每一章會討論一個常見的思考與決策盲區，並說明該盲區影響重大的原因，同時提供一些如何管理問題的方法。

第一章，外部觀點：你想只到你自己。本章指出我們傾向把每一個問題視為獨一無二的存在，不去詳細考慮其他人的經驗。這類錯誤說明了，當購併其他公司時，即使自家公司過往少有成功的購併經驗，高階主管為什麼幾乎毫無例外地表現樂觀。

第二章，開放選項：我們的頭腦怎麼了，讓我們聚焦於過於狹隘的選項。本章處理「隧道視野」的問題，亦即我們常在特定情況下欠缺考慮替代方案。當我們應該保持選項不設限時，我們的心智卻想要減少可能的方案。除此之外，誘因可能會促成某些只對特定人士有益的選擇。

第三章，專家限制：演算法比較可靠嗎？本章凸顯了我們對專家毫無批判性的依賴程度。專家的特色是，對很狹窄的領域知之甚詳，因此我們對專家的看法和預測應該更抱持懷疑的觀點。幸而我們愈來愈常見到，人們有效解決問題時，大多捨棄專家觀點不用，而是運用電腦的決策模型，或者善用群眾智慧（wisdom of crowds）。

第四章，情境知覺：手風琴音樂如何提升勃根地葡萄酒的銷售量。本章標示出情境在決策中扮演的重要角色。我們總認為自己是客觀的，周遭人們的行為卻同樣對我們的決策產生特別的影響。這也說明了，為何在尚未充分認清他人決策的情境之前，我們不應該對他人的行為驟下判斷。

第五章，數大即不同：蜜蜂如何不靠房地產仲介就找到最好的蜂窩建地。本章探討在錯誤的層次上理解複雜系統的危險。你無法單靠觀察一隻螞蟻的行為來了解整個蟻群。試圖透過個體行為的加總來了解整體行為之所以行不通，是因為整體絕對大於部分的加總結果。這一章同時也指出，我們幾乎不可能管理一個複雜系統，這是美國政府處理 2007 年到 2009 年金融危機時所學到的教訓。

　　第六章，處境證據：外包「夢幻客機」如何成為波音公司的噩夢。本章對於只根據個別徵兆而非所處情境，來預估一個系統的因果關係的做法提出警告。生活裡大多數問題的答案都是「那要看情況而定」。這個章節探討，如何思考究竟有哪些情況。

　　第七章，臨界點：請注意「最後一根稻草」。本章闡釋一個系統所遭受的小變異或小更動，最終會造成大規模變化的「階段移轉」（phase transitions）。由於當「階段移轉」發生時，很難分清楚因果之間的關係，更遑論預測結果了。

　　第八章，技巧和運氣的區別：為什麼投資者經常買高賣低。本章說明技能與運氣在結果上所扮演的角色，同時強調通常被誤解的「均值回歸」（reversion to the mean，編注：意指當一個數字達到高點或低點時，接下來會趨近於一個平均數。亦即由低位回升或高位回落的現象）。比方說，運動記者和商業評論員在報導成功與失敗的故事時，一般而言都未能察覺技能和運氣所扮演的角色。

　　結論，是該「再想一下」了。則為全書做摘要總結。

同時也建議讀者採用某些特定技巧，以獲得決策優勢。比如，培養寫「決策日記」的習慣，並將想法付諸實行。

丹尼爾·卡尼曼（Daniel Kahneman，普林斯頓大學心理學家、2002 年諾貝爾經濟學獎得主）曾經提過，他很驚訝人們對於做決策的過程竟如此憂喜參半，充滿矛盾的情緒。[13] 一提到改善，大家高談闊論，但極少有人真正願意投入所需的時間和金錢好好學習，終能改善決策品質。在接下來的章節裡，我會介紹一些觀念來幫助你做出更好的決策。希望同時你也感受到閱讀的樂趣。

選擇每一章的主題時，我心中有三個標準。**首先，議題必須很常見。**一旦你能消化吸收這幾個觀念，它們就會無所不在，出現在你以及其他人所面對的決策上。**其次，這些觀念必須易於辨識**，彼此之間不應只有細微或者很微妙的差異，而是能讓你清楚想起以往可能忽視的問題。**最後，與這些主題相關的錯誤必須能夠加以預防。我雖然無法保證你成功，但我可以協助你改善做決策的能力。**

外部觀點

你只想到你自己

多數人在許多時候都過於樂觀。

社會心理學家區分出以下三種會導致人們接受內部觀點的假象：

- 優越感的假象
- 樂觀的假象
- 控制的假象

　　「這是必然的結局。」瑞克・達特羅（Rick Dutrow）對
於他的一匹賽馬「大棕馬」（Big Brown），是否能奪得夢寐
以求的三冠王頭銜時如此宣稱。贏得三冠王是一個非常了
不得的功績，牠必須在短短五週內，在三個不同長度的跑
道贏得肯塔基馬賽（Kentucky Derby）、普瑞克涅斯馬賽
（Preakness Stakes），以及貝爾蒙馬賽（Belmont Stakes）冠
軍。在大棕馬試圖贏得三冠王頭銜之前，只有 11 匹賽馬在
上一世紀成功創下紀錄，過去 30 年內並沒有任何一匹賽馬
締造如此佳績。現在，只差一場比賽，大棕馬就可以成為
賽馬界的「不朽傳奇」。[1]

　　馴馬師達特羅是有理由樂觀的，不僅因為他的三歲小
馬在前五場比賽時未嘗敗績，同時牠也居於主導地位。雖
然，在賠率方面，工作人員設定大棕馬贏得肯塔基馬賽的
機率是 25％，但牠以領先四又四分之三的跑道長度奪得勝
利。而牠在普瑞克涅斯馬賽時更強了，雖然騎師在衝刺階
段安撫牠，但牠仍然越過終點五又四分之一的跑道長度。
在牠的最後一場比賽（貝爾蒙馬賽），與之交鋒的都是一
些平庸的競爭對手，而牠的最強挑戰者「娛樂場」（Casino

Drive），在最後一刻退出比賽。

　　毫不意外，觀眾對大棕馬的興趣逐漸增強。優比速公司（UPS）嗅到了機會，以大棕馬為名，簽署了行銷協議，其中包括在馬背外套上打上企業標誌。大多數的賽馬場老手都認定牠會贏得比賽。至於大棕馬本身，則被描繪成強壯、自信和準備就緒的形象。達特羅讚揚道：「牠看起來好得不能再好了，在大棕馬身上我找不出任何缺點。我看到最美麗的畫面，我很有信心，這真是不可思議。」[2] 馬迷們同意這個說法。儘管酷熱難當，關鍵賽的出席率仍比過去一年高出一倍，群眾無不渴望親眼目睹歷史性的一刻。

　　大棕馬是締造了歷史沒錯，但不是所有人預期的那種歷史。牠跑出倒數第一的成績，這是三冠王競逐者從未發生過的憾事。[3]

　　賽後，獸醫為大棕馬做了全面體檢，牠看起來似乎無恙。大棕馬如此反覆無常的表現，讓人聯想到實驗室研究人員所稱的「哈佛定律」（HARVARD'S LAW）：「壓力、溫度、體積、濕度和其他變數，即使在最嚴格控制的情況下，有機體照樣隨興所為。」[4]

　　然而，關於大棕馬贏得三冠王的前景，還有另外一派的看法，這一派並不認為牠未來進入賽馬聖殿的機會有多樂觀。此派觀點凸顯出一個簡單的問題：當其他賽馬和大棕馬處境相同時，成功的機會又有多少？

　　史蒂芬・克里斯特（Steven Crist，才華洋溢的作家暨著名賽馬裁判員）提供了一些數據，令人醍醐灌頂。[5]以贏得肯塔基馬賽和普瑞克涅斯馬賽、並有機會上看三冠王頭銜的 29 匹馬來說，最後只有 11 匹獲得殊榮，成功率不到 40％。但仔細研究 1950 年前後的統計數字，差異極為明顯。在 1950 年之前，9 匹馬中有 8 匹贏得三冠王的頭銜；在 1950 年之後，20 匹馬中只有 3 匹馬成功奪冠。成功率為什麼從幾近 90％降到只有 15％，著實令人費解；但合理的因素包括育種較佳（產生較多的優質馬駒），以及起跑場地較大。

　　15％的成功率或許會引起一些疑慮，但它並未將大棕馬的天賦和過去令人印象深刻的紀錄一併納入考量。畢竟，並非所有有能力贏得三冠王的馬匹都擁有類似的天賦。有一種比較馬匹的方法是「拜爾速率」系統（Beyer Speed Figure）：在既定的天氣條件下，根據馬匹在比賽時間和跑道速度的表現給分，數字愈高的馬匹愈好。

表 1-1 顯示，包括大棕馬在內，有志奪取三冠王頭銜的 7 匹馬（包括大棕馬在內），在前兩場競賽中的「速勢指數」（speed figures）。由於自 1991 年之後才有速勢指數可供參考，因此樣本數很小。大棕馬的速勢指數，雖然可能因為在普瑞克涅斯馬賽的表現而拉低了幾分，但與其他馬匹相較絕對更具勝相。即使考慮到不怎麼樣的貝爾蒙場地，清楚可見大棕馬不確定必贏。然而，投注大棕馬勝出的機率卻還是出現令人滿意的三比十。這意味著牠有超過 75％的機會贏得最後一站。克里斯特和其他敏銳的裁判人員閱馬無數，足以看出賽場公告板過分誇大了大棕馬的勝率。

表 1-1　三冠王競逐者的拜爾速率

馬匹	肯塔基馬賽	普瑞克涅斯馬賽	總分
銀色魅力（Silver Charm）	115	118	233
聰明奇兵（Smart Jones）	107	118	225
有趣西德（Funny Cide）	109	114	223
戰爭標誌（War Emblem）	114	109	223
真寧靜（Real Quiet）	107	111	218
魅力（Charismatic）	108	107	215
大棕馬（Big Brown）	109	100	209

資料來源：史蒂芬・克里斯特

　　這些對比的觀點顯示出我們的第一個錯誤，一種偏好內部觀點多於外部觀點的傾向。[6] 內部觀點以聚焦在特定任務及利用垂手可及的信息來思考問題，並依據狹隘和獨特的信息做出預測。這些信息可能包括傳聞證據和謬誤的看法，但這是大多數人在建立未來模型時所使用的方法，而且確實也常見於各種規劃形式中。達特羅和大棕馬的粉絲們大多侷限在內部觀點，包括馬的勝績和雄偉的外觀，這是自然的，但幾乎總是過於樂觀。

　　外部觀點要問的是，是否有類似情況可以提供統計的基礎，以便做出決策。外部觀點並不看問題的獨特性，而是想知道有沒有其他人遇到類似的問題；若有，結果是什麼？這種外部觀點是一種很不尋常的思考方法，人們會在這種觀點之下不得不把搜尋到的寶貴資訊擺到一邊去。如果使用外部觀點，裁判人員將評斷出大棕馬是一個很不好的賭注，如同其他馬匹在相同情境的經驗下所顯示的，獲勝機率會遠低於賽場公告板上的預測結果。外部觀點通常可為決策者創造出一種極具價值的實際驗證。

為什麼人們傾向於接受內部觀點？我們多數人在許多時候都過於樂觀。社會心理學家區分出以下三個會導致人們接受內部觀點的假象。[7]

請你花一點時間，誠實以「是」或「不是」來回答以下問題，便會了解第一種假象：

- 我是優於平均的駕駛。
- 我有高於平均水平的判斷能力。
- 我的專業表現在所屬組織裡是居於較好的那一半。

如果你像大多數人一樣，以上三個問題的答案都是肯定的，這便顯現了**優越感的假象**，亦即對自己有著不切實際的正面看法。當然，並不會每一個人都是優於平均。在1976年的一個經典案例中，大學委員會要求高中受試者就多項準則對自己評分。85％以上的人自認在與人相處上優於中位數；70％的人則認為自己在領導他人的能力上優於中位數；而有60％的人自認在運動表現方面在中位數之上。有份調查顯示，80％以上的人認為自己的駕駛技術比大半數的人高明。[8]

驚人的是，能力最差的人自認能做的事和實際有能力完成的事之間，差距往往最大。[9]在一項研究中，研究人員要求受試者在文法測試上，針對自認能力和成功可能性方面進行評分。圖1-1顯示，表現最差者過於誇大他們的能力，自認最近於最高的四分位數，結果卻是位於最後的四分位數。更有甚者，就算個人確實認知到自己低於平均值，往往自認本身的缺點無關緊要、不值得一提。

最後是**控制的假象**，人們表現得就好像偶發事件[10]都在自己的掌控之下。例如，人們在擲骰子時，若希望擲出較小的數字，力道就輕一些，反之則用力一點。在另一項

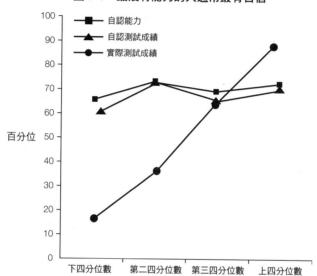

圖 1-1　最沒有能力的人通常最有自信

資料來源：Justin Kruger and David Dunning, "Unskilled and Unaware of It: How Difficulties in Recognizing One's Own Incompetence Lead to Inflated Self-Assessments." Journal of Personality and Social Psychology 77, no. 6 (1999): 1121-1134。

研究中，研究人員要求兩組上班族參與簽賭彩券，只要花費 1 美元，就有機會獲得 50 美元彩金。其中一組人員可以選擇彩券，另一組則沒有選擇權。運氣決定得獎的可能性，但這些上班族的表現並非如此。

在開獎之前，一位研究員詢問參與者願意以什麼價格出售他們的彩券。有權選擇自己彩券的那一組，平均出價接近9美元，然而，無決定權的那一組出價則低於2美元。那些相信自己擁有某些掌控力的人，自認成功機率要比實際為高，而那些沒有控制感的人則無此偏見。[11]

我必須承認我的職業，積極的資金管理，可能是專業世界中控制假象的最好例子。研究人員顯示，整體而言，積極建構投資組合的基金管理人長期來看，投資報酬率低於市場指數，而這是每家投資公司都認知的結果。[12] 理由非常簡單：市場是高度競爭的，基金經理人收取的費用減少了報酬。市場也有良好的隨機性，確保所有投資者不時看到好的和不好的結果。不管證據如何，基金管理人的表現宛如他們可以違抗機率，提供優於市場的報酬。這些投資公司依賴內部觀點來調整其策略和收費。

▋ 成功的機率很小，但不適用於我

眾多的專業人士普遍傾向以內部觀點，對可預見的不好結局做出重大決策。但這並不表示這些決策者是輕忽、天真或惡意的。由於上述三種假象的激勵，他們大多相信自己做的是正確的決定，而且有信心結果會令人滿意。現在你已明白內部觀點和外部觀點的差異，你可以更加小心地評估自己與他人的決定。讓我們來看看幾個範例。

企業合併和收購（M&A）是年復一年數兆美元的全球業務。企業投下巨資來辨別、收購和整合各家公司，以獲得策略優勢。毫無疑問，企業之間的交易都是出於最佳的意圖。

問題是，大部分的交易並不會為收購公司的股東（一般而言，那些被收購公司的股東則收穫頗豐）創造價值。事實上，研究人員評估，當一家公司買下另一家公司時，收購公司的股價當時會下滑大約三分之二。[13] 鑑於大部分經理人追求增值的目標明確——而且他們的薪酬往往與股價連結——併購市場的實際動態似乎讓人感到意外。理由是，即使大部分的執行長了解到全盤的併購紀錄並不好，他們仍有自信可以克服萬難。

　　「一個高品質的海濱產業」——這是陶氏化學公司（Dow Chemical）執行長在 2008 年 7 月同意收購羅門哈斯公司（Rohm and Haas）後，對該公司的描述。儘管在競價戰爭之下，陶氏化學公司得支付整整 74％的溢價，卻依然不為所動。反之，執行長宣布該交易是「建立陶氏化學公司成為盈利成長公司決定性的一步」。[14] 陶氏化學公司的管理階層具備所有內在觀點的特質。企業界因為併購案而虧損的例子已層出不窮，這椿交易案宣布之後，陶氏化學公司的股價重挫 4％，在這些例子之中更是居首。

　　為什麼大多數公司在收購其他公司時，價值無法增加，這點只要利用基礎數學便可以解釋原因。買家的價值改變相當於，兩家公司合併使得現金流量增加值（協同作用），以及收購者支付高於市場價格的金額（溢價）之間的差額。公司希望獲得的比付出的多，因此，若協同作用超過溢價金額，買家的股票價格將會提高；反之則會下跌。在陶氏化學的案例中，協同作用的價值——根據陶氏化學公司提供的數據——低於支付的溢價，說明了公司股票價格為何會下跌。把耀眼的修辭放一邊，數字對於陶氏化學公司的股東並不有利。[15]

▍三人不會成虎

　　幾年前，我的父親被診斷出癌症末期，在化療失敗後，他基本上是別無選擇的。有一天，他來電詢問我的意見。他在雜誌上讀到有關另類癌症療法的一則廣告，宣稱具有近乎神奇的結果，並指出一個充滿熱烈見證的網站。他想知道，若把資料寄給我，我是否會告訴他我的想法？

　　這並不需要花太多時間研究。沒有任何架構嚴謹的研究顯示這種治療方法的療效，而且有利於該療法的證據不過是各方道聽塗說的傳聞。當我父親再次來電，我可以從語氣中聽出他已下定決心。儘管費用龐大和交通往返，他仍希望嘗試這種姑且一試的另類療法。他問及我的想法時，我告訴他：「我試著以科學家的角度思考，根據我所看到的一切，這個方法並沒有效。」掛掉電話後，我內心像被撕裂一般，我想相信那個故事，並依循內部觀點。我希望父親痊癒健康，但我內在的科學角色要我堅持外部觀點,即使已考量到安慰劑或有療效,但「希望」並不是一種策略。

我父親不久之後辭世。這經驗迫使我思考,我們是怎樣決定醫療方式的。有很長的一段時間,父權模式支配著醫生和病患之間的關係。醫生會診斷疾病,並選擇看似對病患最好的治療方法。如今,患者有更多的資訊,且普遍希望能參與決定。醫生與患者經常討論許多治療方法的利弊,並共同選出最佳的對策。研究顯示,那些參與做出決定的病患,對於他們的醫療更為滿意。

但研究也表明,病患經常會做出對自己並非最有利的決定,這往往歸因於沒有考慮到外部觀點。[16] 在一項研究中,研究人員提供實驗對象虛構的疾病和各種治療方法。每一個實驗對象有兩種治療方法的選擇。第一種是控制療法,具有 50％的療效。第二種療法則是從十二個選項中擇一,這些選項結合了正面、中性、或負面的傳聞,虛構出四種可能的療效層級,範圍從 30％到 90％不等。

這些故事對結果造成很大的差異,並在決策過程中淹

沒客觀的數據。表 1-2 的數據便可見真章。當 90％療效的
治療方法搭配一個失敗病人的故事時，選擇這種治療方式
的病患比例不到 40％。相反地，療效只有 30％的治療方式
當搭配一個成功的故事時，高達 80％的病患會選擇這種治
療方式。這項研究的結果完全吻合我父親的行為。

表 1-2　傳聞是否比解藥重要？

	實驗對象選擇治療的百分比			
	基礎比率			
	90%	70%	50%	30%
正面傳聞	88	92	93	78
中性傳聞	81	81	69	29
負面傳聞	39	43	15	7

資料來源：Angela K. Freymuth and George F. Ronan, "Modeling Patient Decision-Making: The Role of Base-Rate and Anecdotal information," Journal of Clinical Psychology in Medical Settings 11, no. 3 (2004): 211-216

　　雖然對於病患而言，被告知和參與治療是件好事，但
是他們也同時冒著被資訊來源影響的風險。這些來源主要
來自傳聞，包括朋友、家人、網路和大眾媒體。醫生可能
會發現，「傳聞」是他們向病患傳達觀點的有效方法。但
是醫生和病患都應該要小心，不要忽視了科學的依據。[17]

▌要準時而且在預算範圍內⋯⋯也許下次吧

如果你曾經參與一項計畫，不管是涉及整修房子、介紹新產品、或趕上工作期限，以下例子你會很熟悉。人們常覺得很難估計一項工作要花多久時間，以及要花多少錢。當他們估計錯誤時，往往是因為低估了時間和費用，心理學家稱此為「規劃謬誤」（planning fallacy）。同樣的，內部觀點接管一切，這點就跟大多數人想像自己會如何完成任務一樣。當展開規劃時間表，無論是從他們自身或其他人的經驗，只有將近四分之一的人會將客觀數據納入考量。

加拿大羅理爾大學（Wilfrid Laurier University）心理學教授羅傑・布勒（Roger Buehler）做了一項實驗，能充分說明此一觀點。布勒與同事詢問大學生，要多久才能完成學校作業，並請他們就三個機會等級依序回答：50％、75％，以及99％。例如，受試對象可能表示，他在下星期完成專案報告的機會是50％，星期三之前完成的機會是75％，而星期五之前完成的機會是99％。

圖 1-2

在人們相信自己能完成任務，以及他們實際能做到之間，存在龐大差距

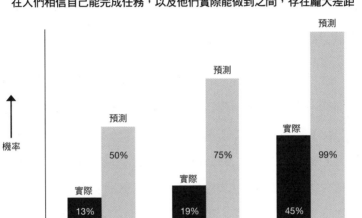

資 料 來 源：Roger Buehler, Dale Griffin, and Michael Ross, "It's About Time: Optimistic Predictions in Work and Love," in European Review of Social Psychology, vol.6, ed. Wolfgang Stroebe and Miles Hewstone (Chichester, UK: John Wiley & Sons, 1995), 1-32.

　　圖 1-2 顯示這些估計的準確性。當學生自認可以完成的機率為 50％的期限到了時，只有 13％的學生確實繳交作業；到了學生認為完成機率 75％的時間點時，只有 19％完成專案報告；所有的學生幾乎都確定能在最後期限完成，但結果只有 45％的人做到。如同布勒和他的同事所記錄

的：「即便要求這些受試者做出極為保守的預估，也就是他們幾乎可以肯定完成的時間點，學生對於估計時間的自信，遠遠超過了他們的表現。」[18]

這項工作有一個有趣的轉折點。雖然人們拙於猜測自己何時可以完成專題報告，但他們對於猜測別人的估計卻很在行。事實上，規劃謬誤具體展現了一個更廣泛的原則：當人們被迫考慮相似的情況，而且看到成功案例出現的頻率時，他們往往會預測得比較準確。假設你想知道某件事會為你帶來什麼結果，可以看看在相同的情況下，這件事在別人身上產生的結果。哈佛大學心理學家丹尼爾‧吉伯特（Daniel Gilbert）想了解，人們為什麼不能更加依賴外部觀點，「有鑑於這個簡單技術令人印象深刻的力量，我們應該預期人們會特地加以運用，但他們並沒有。」原因是，大部分的人認為自己與眾不同，比周遭的人優秀許多。[19]

既然你已知內部、外部觀點如何影響我們制訂決策的方式，你便能發現，這個現象隨處可見。在商業世界裡，人們對於開發新產品所需時間、對於合併案成功的機率，以及投資組合的股價表現超越大盤的可能性，都抱持不合理的樂觀主義。而在個人生活中，深信自己七歲兒子日後注定會得到大學體育獎學金的父母、關於電腦遊戲對兒童有何影響的爭論，以及重新改造廚房需要花費多少時間和成本，也都可以看到這種現象。

即使是專家學者，也會忘記徵詢外部觀點。多年以前，丹尼爾・卡尼曼集合了一個小組為高中生編寫課程，教導他們判斷和制定決策。卡尼曼的小組成員包括有經驗的教師和新手老師，以及教育學院的系主任。大約一年之後，他們為教科書編寫了幾個章節，以及研發了一些範例教學單元。

在某個星期五下午，這些教育家討論如何啟發組員提供資訊，以及思考未來的規劃。他們知道最好的方法是，每個人表達自己的獨立觀點，然後將這些觀點結合形成共識。卡尼曼決定實際進行操作，要求每名成員預估，小組可以完成教科書草案，並遞交給教育部的日期。

卡尼曼發現，估計值差不多在兩年左右。每個人（包括系主任）估計在 18 個月至 30 個月之間。接著，卡尼曼突然想到該系主任曾參與類似的計畫。問到系主任時，他表示知道幾個類似的團體，包括那些進行生物和數學課程的團體。此時卡尼曼問了一個顯而易見的問題：「他們花了多少時間完成呢？」

系主任紅著臉回答，那些進行相似計畫的團體有 40％從未完成過，而且沒有任何一個團體在 7 年之內完成計畫。有了這些客觀數據為基礎，於是卡尼曼再問，這個高中教案小組和其他團體相較之下，究竟好多少呢？在一陣靜默之後，系主任回應道：「低於平均，但差不了多少。」[20]

▌如何將外部觀點納入你的決策

卡尼曼與其長期合作的心理學家阿莫斯·特佛斯基（Amos Tversky）發表了多步驟程序，幫助你運用外部觀點。[21] 我將他們的五個步驟縮減為四，並加入一些想法，請見以下步驟：

第一步是選擇一個參考類別。找尋一組在統計顯著性上夠廣泛，但在分析你所面對的決策上則夠狹隘的情況（或參考類別）。這項任務通常兼具藝術及科學性，而且對於少數人曾處理過的問題而言更為難以捉摸。但對於常見的決策，參考類別的辨識是簡單的。以合併和收購為例，在大多數的案例中，收購公司的股東是賠錢的，但仔細審視數據顯示，市場對於以低溢價完成及現金交易的反應，比起以高溢價完成的股票融資交易更好。因此，公司可以藉由研究何種交易方式通常會成功，來提高收購賺錢的機會。

第二步，評估結果分布。一旦有了參考類別，再仔細看看成功率與失敗率。例如，在與大棕馬相同的處境下，6匹馬中贏得三冠王頭銜的比率不到 1 匹。研究分布情形，並記錄平均結果、最常見結果，以及極端成功或失敗的結果。

在醫生診斷出患有間皮瘤之後，哈佛大學古生物學家古爾德（Stephen Jay Gould）在其著作《生命的壯闊》（*Full House*）中揭示，認知結果分布的重要性。古爾德的醫師解釋，有一半診斷出罹患罕見癌症的病患只存活八個月（更專業的說法，死亡率的中位數是八個月），這無疑是一種死刑宣判。但是古爾德很快便意識到，當半數的病患在八個月內死亡時，還有另外一半的病患繼續存活更長的時間。由於他在診斷時年紀尚輕，因而大有機會是幸運者之一。古爾德寫道：「我已經問了正確的問題，而且找到了答案。在所有的可能性中，我已獲得在此情況下，所有可能最珍貴的禮物——大量時間。」古爾德又存活了另一個20年。[22]

　　另外有兩個值得一提的議題。統計學的成功與失敗率，在一段時間內必須維持合理的穩定，參考類別才會有效。若系統的性能改變了，利用從前的數據做推斷便有誤導之虞。在顧問根據客戶歷史統計資料、提供資產分配建議的情況下，這在個人理財上是一個重要的議題。因為市場的統計性質隨著時間變化，投資者可能會落得錯誤的資產組合。

　　同時要密切觀察系統，小小的擾動足以導致大規模的變化。由於原因和結果在這些系統裡難以受到控制，想要憑藉過去的經驗做判斷則更加困難。企業由熱門產品（如電影或圖書）來帶動業績，就是很好的範例。製造業和出版商皆以難以預測結果而聞名，因為成功與失敗主要是基於社會的影響，本質上就是不可預測的現象。

第三步，做出預測。根據可供使用的參考類別數據（包括結果分布的認知），你可以做出預測，亦即估計你的成功或失敗機會。就我們已經討論過的所有原因而言，你的預測極有可能過於樂觀。

有時，當你找到正確的參考類別，你所看到的成功率並不高。因此，為了提高成功機會，你必須敢於突破。有一個例子是，全國足球聯賽的教練在第四次進攻、開球、二分射門攻擊等重要比賽情況喊暫停的戰術。正如許多其他運動，這些戰術的決定，傳統上由教練代代相傳。但這種陳舊的決策過程，同時也意味著得分較少、比賽場次贏得較少。

印第安納大學天體物理學家查克・鮑爾（Chuck Bower），協同前西洋雙陸棋世界冠軍法蘭克・弗理戈

（Frank Frigo），製作了一個稱為「宙斯」（Zeus）的電腦程式，以評估職業足球教練喊暫停的決定。宙斯使用的建模技術，與在西洋雙陸棋和西洋棋程式中成功的模式一樣，而且製作者也載入了統計和教練的行為特徵。鮑爾和弗理戈發現，在 32 支球隊聯賽中，只有 4 支球隊在超過半數的時間做出符合宙斯程式的關鍵決定，有 9 支球隊在不足四分之一的時間做對決定。宙斯估計，這些差勁的決定，每年讓球隊付出少贏一場比賽的代價，而在 16 場比賽的賽季中，這是很大的損失。

大多數教練堅持傳統智慧，因為這是他們學到的東西，也是他們反對打破以往做法的消極認知結果。但是宙斯顯示出，外部觀點可以為願意突破傳統的教練帶來更多勝利，這是讓教練願意三思的機會。[23]

第四步，評估你的預測可靠性，並進行微調。我們對於制訂決策的擅長程度，主要取決於我們試圖預測的事情。舉例來說，氣象預報員在預測明天的溫度上做得相當不錯；然而在另一方面，圖書出版商除了少數暢銷作家的著作之外，並不擅長選出賣座的作品。成功預測的紀錄愈糟，你就愈應該往平均值（或其他相關的統計方法）的方向調整預測。當因果關係明確，你對你的預測可以更有信心。

來自內部、外部觀點的主要教訓是，雖然決策者經常大談獨特性，但最佳決定往往源於相同性。不要誤會我的意思，我不是主張平淡、缺乏想像力、模仿或沒有風險的決定，我說的是，大量有用的訊息其實奠基於那些我們每天所面臨的類似狀況。我們如果忽視那些訊息，對自己並不利，注重這些豐富的訊息將有助於做出更有效率的決策。記住這個討論，下次競逐三冠王時，會有高度樂觀的機會。

開放選項

我們的頭腦怎麼了，讓我們聚焦於過於狹隘的焦點

未能充分考量選項或可能性，可能導致嚴重後果，從醫療診斷失誤乃至於對某個金融模型過度信任都是如此。因此，我們的頭腦到底是怎麼回事，讓我們聚焦於過於狹隘的焦點？

關於理解人們如何思考及行動，丹尼爾・卡尼曼所做的重大貢獻，任何專業訓練都應該大書特書。我曾與卡尼曼參加一項會議，對於他在有關「定錨與調整經驗法則」（anchoring-and-adjustment heuristic）的評論深感敬佩。以下提供一則範例，說明該法則如何運作。我與哥倫比亞大學商學院的學生做一項練習。我提供一張表，要求他們寫下兩組數字。[1] 如果你從未做過這種練習，不妨花一點時間，並且記下你的反應。

1. 你的電話號碼最後四位數字
2. 估計紐約市曼哈頓醫生的數目

定錨與調整經驗法則的偏誤在於，它預測電話號碼會影響醫生數目的估計。在我的課堂上，電話號碼最後四位數字為 0000 至 2999 的學生，猜測醫生數目平均為 16,531，而電話號碼最後四位數字為 7000 至 9999 的學生，則猜測 29,143，足足高了 75％。卡尼曼在對他的學生應用這項測試時，也得到類似的模式。（就我估計，曼哈頓大約有 20,000 名醫生。）

　　當然，每個人都知道，自己電話號碼最後四位數字與曼哈頓醫生的人口毫無關係，但在預估之前，對於前一題的思考行動卻釋出強大的偏誤。如果我把問題的順序顛倒，絕對可以確定的是，學生給出的答案將明顯不同。

　　在做決定時，人們經常從一個特定的資訊或特性（定錨）著手，之後視需要調整、得出一個最後的答案。偏誤使人們從定錨做出的調整不足，導致不準確的回應。結果造成最後的答案太偏近定錨，無論這個定錨是否明智。[2]

　　但是，卡尼曼強調的重點是，即使你對一個團體解釋定錨，它還是不會被完全吸收。你可以在討論這個概念之後馬上進行實驗，保證仍可看到偏誤發揮作用。心理學家認為，最主要的原因是，定錨主要是出於潛意識。

▋心智模型支配你的世界

　　本章所介紹較為廣泛的決策失誤，便是以定錨為其表徵：考慮的替代方案不夠。直截了當地說，你可以稱它為

「隧道視野」（tunnel vision）。未能充分考量選項或可能性，可能導致嚴重後果，從醫療診斷失誤乃至於對某個金融模型過度信任都是如此。因此，我們的頭腦到底是怎麼回事，讓我們聚焦於過於狹隘的焦點？

我最喜歡的一個解釋，來自於以心智模型理論聞名於世的心理學家強森．萊爾德（Phillip Johnson-Laird）。萊爾德認為，當我們推理時，「我們運用知覺、字詞和句子的含義、所表達主張的重要性，以及我們的知識。事實上，我們運用一切必須考慮的可能性，並在世界的心智模型中呈現每一種可能性。」[3]

萊爾德的描述強調幾個面向。第一，人們根據一組前提推理，且只考慮相容的可能性。因此，人們沒有考慮到情況可能是假的。舉例來說，請考慮一手牌，以下三個陳述只有一個為真：

- 它包含一張國王、一張 A，或兩者兼而有之。
- 它包含一張皇后、一張 A，或兩者兼而有之。
- 它包含一張傑克、一張十點，或兩者兼而有之。

基於這些陳述，手上所握的會有一張國王嗎？

萊爾德已對很多聰明才智之士提出這個問題，大多數人的回答都是肯定的。但，這是錯誤的。如果手上握有一張國王，前兩個陳述將是真的，違反了只有一個陳述是正確的條件。[4] 你可以把前提及其替代品想像為一束光線，只會照亮你認為可能的結果，而在黑暗中留下大量可行的替代方案。

第二個面向也與此相關，這是講述一個人看待問題的方式——他怎樣接受到這個問題的描述，他如何感受它，以及他個人的知識——塑造他對這件事情的看法。由於我們的邏輯推論貧乏，一個問題的呈現方式會對我們如何選擇造成重大影響。展望理論（prospect theory）過去 40 年來的研究結果，包括共同啟發（common heuristics）和相關的偏誤，證明了這一點。我們將以隧道視野的一些錯誤來探討這些偏誤。

最後一點，心智模型是外界現實面的一個內部表徵，但並不完整，因為它為求速度而犧牲細節。[5] 心智模型一旦形成，會取代比較繁瑣的推理過程，但正確或好壞的程度則視其配合現實的能力而定。心智模型若不合適，會導致決策的重大失敗。[6]

我們的心裡只是想獲得一個答案——對病患的適當診斷，正確的收購價格，小說下一步會發生什麼——並依循固定的程序迅速獲得解答，而且通常是有效率的。但是，盡快獲得正確的解決方案也意味著，聚焦於我們看來最可能的結果，而將很多其他可能的結果擺到一邊。就我們進化以來大多數的歷程而言，這種方式行之有效。然而數萬年來，在自然環境之中行得通的因果模式，在今天的科技世界卻往往不一定有效。因此，當利害關係夠高時，我們必須放慢腳步，環顧四周，尋找所有可能結果的範圍。

▌以合理為滿足

許多錯誤都是源於隧道視野。我們只需看看定錨和調整經驗法則及相關的偏誤檢視，便能看到第一個錯誤。為什麼人們不針對定錨進行足夠的調整，以算出準確的估

計？芝加哥大學商學院心理學家尼古拉斯・艾普萊
（Nicholas Epley）及康乃爾大學心理學家湯瑪斯・季洛維
奇（Thomas Gilovich）的研究工作結果指出，我們先以定
錨開始，然後朝著正確的答案前進。但是我們大多數人一
旦找到認為合情理或可接受的答案，就停止調整。

在一項實驗中，心理學家要求受試者回答六個有自然
定錨的問題。例如，他們要求參加者估計伏特加酒的冰
點。在此例，自然的定錨是水的冰點（攝氏 0 度）。接著，
他們要求受試者估計最高和最低的合理範圍。關於伏特加
的問題，平均的估計是零下 11 度，範圍從零下 22 度到零
下 5 度（事實上，伏特加在零下 29 度凍結）。艾普萊和季
洛維奇表示，這些結果證明，從定錨的調整「隨之而來的
是尋覓合理的估計」，一旦達到他們認為合情理的答案，
受試者便停止調整。[7]

你也可以在價格協商談判裡，看到定錨和調整的後
果。研究談判策略的心理學家格雷戈里・諾司克雷夫特
（Gregory Northcraft）和瑪格麗特・尼爾（Margaret Neale）
提出了不動產經紀人的測驗結果。測驗的題目相同：一棟

特定的房子，有相同的背景材料——大小、設施，以及相等房舍最近的交易紀錄。為了測量定錨效果，研究人員給一些經紀人同一棟房子不同的成交價格。果然，看見成交價格較高的經紀人對房子的鑑價，遠高於那些看見成交價格比較低的經紀人（見圖2-1）。同樣值得注意的是，不到20％的經紀人使用參考的數據做為他們的鑑價，同時堅持他們的評估是獨立自主的。這種偏誤在很大程度上是有害的，因為我們是如此不了解它。[8]

定錨與高利害關係的政治或商業談判息息相關。在資訊有限或不確定的情況下，定錨會對結果造成強烈的影響。例如，研究顯示，在情況晦暗不明時，第一個提出條件的一方能受益於強有力的定錨效應。如果你是坐在談判桌對面的另外一方，那麼發展和了解全部可能結果的做法，才是免受定錨效應影響的最好保護。[9]

圖 2-1
根據特定價值，房地產經紀人出於潛意識的定錨結果

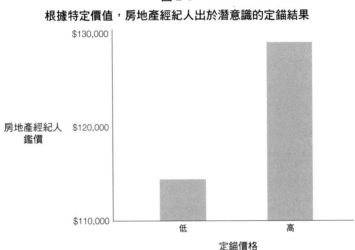

資料來源：改編自 George B. Northcraft and Margaret A. Neale, "Experts, Amateurs, and Real Estate: An Anchoring-and-Adjustment Perspective on Property Pricing Decisions," Organizational Behavior and Human Decision Processes 39, no.1 (1987): 84-97。

▌以貌取人

　　在《醫生如何思考》（*How Doctors Think*）一書中，作者傑若‧古柏曼醫生（Dr. Jerome Groopman）描述一位體格健壯的護林員一覺醒來，發現自己因胸部疼痛而躺在醫

院急診室裡。值班醫生仔細診聽護林員的症狀，查看了心臟疾病清單，並進行一些標準的檢查。所有情況看起來都很好。檢查結果再加上這位先生健康的外表，促使醫生向這位患者保證，問題出在心臟的機率「約為零」。

第二天，護林員因心臟病發作送回醫院。幸運的是，他活了下來。但是前一天診斷過他的醫生來到病床旁。這位醫生經過思考之後發現，自己陷入一種「代表性原則偏誤」（representativeness heuristic）。這種偏誤，我們的第二種決策錯誤，是指我們往往根據腦袋裡具有代表性的類別邊下結論，而忽略了其他可能的選擇方案。「勿以貌取人」這句老生常談，說的就是這種偏誤，鼓勵我們保持開放的態度，即使我們的腦袋傾向將它們關閉。在這個案例中，醫生錯誤地排除病患心臟病發作的可能性，因為病患看來似乎很健壯。醫生後來默想：「你得在心中為非典型的情況做好準備，同時不要那麼快確定病患一切都很正常」。[10]

「易獲得性偏誤」（availability heuristic）——根據腦海中已有可得的記憶，判斷某件事情發生的頻率或概率——構成一種相關的挑戰。一般而言，如果我們最近剛見過某件事情的發生、或此事在腦海中留下鮮明的印象，那麼往往會高估這件事情發生的機率。古柏曼說了個女性病患的故事，她因輕微發燒和呼吸急促來到醫院。她的社區最近剛經歷一波病毒性肺炎，造成醫生心裡浮現易獲得性偏誤。醫生診斷她為亞臨床病例（subclinical），認為她有肺炎徵狀，但尚未浮出表面。事實上，最後她的病狀證實為阿斯匹靈中毒。為了試圖治療感冒，她服用了太多的阿斯匹靈，她的發燒和呼吸急促是典型的症狀。但是醫生卻忽略了它們，因為病毒性肺炎在醫生的腦海中生靈活現。就像代表性原則偏誤一樣，易獲得性偏誤也會導致我們忽視替代性的方案。[11]

仔細思考代表性原則偏誤和易獲得性偏誤可能對你的決策造成什麼樣的影響。你可曾單純根據別人的外貌來評斷對方？在聽到飛機墜毀的消息之後，你是否更害怕搭飛機？如果答案是肯定的，那麼表示你是個正常人。但是你也冒著誤解、或完全漏掉「可達成性結果」（plausible outcomes）的風險。

▍趨勢對你有利嗎？

讓我們玩一個小遊戲。請注視一個隨機的正方形和圓形序列（如圖2-2）。你希望下一個出現的圖形會是什麼形狀？

圖 2-2

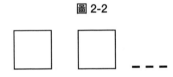

資料來源：改編自 Jason Zweig, Your Money and Your Brain: How the New Science of Neuroeconomics Can Help Make You Rich (New York: Simon & Schuster, 2007)。

大多數人腦中都強烈建議同樣的答案：一個正方形。這便引出第三種常見的錯誤——根據過去結果進行不恰當推論的傾向。杜克大學（Duke University）心理學家暨神經科學家史考特・胡特爾（Scott Huettel）與同事在受試者面前展示隨機模式的圓形和正方形，並用功能性磁振造影掃瞄他們的大腦反應時，證實此一發現。在一個符號之後，人們不知道接下來會看到什麼，但如果相同符號連續出現兩次，他們會自動期望第三個也是同樣的符號，即使他們知道這個系列是隨機出現的。接連出現兩次未必會構成趨勢，但我們的大腦卻肯定這麼認為。[12]

這種錯誤很難改善，因為我們的心中已有根深蒂固的渴望，想要建立模式以及可以迅速做出預期的流程。這種模式的識別能力已經過幾千年以上的演化，在人類大部分的生存環境都是極為有用的。胡特爾說：「在自然的環境裡，幾乎所有的模式都是可以預測的。例如，當你聽到身後有樹枝斷裂聲音時，它不是人為製造的，這意味著樹幹正在掉落，你必須立即避開。因此，我們人類在演化的過程中會不斷尋覓這些模式。但是，這些因果關係並不一定在科技世界成立，科技世界可能產生不規則性，身在其中的我們尋覓的是根本不存在的模式。」[13]

我們常根據有限的觀察對未來進行不適當的預測。在沒有適當權衡機率之下，就根據先前的表現推演未來，是相信未來會和歷史呈現驚人的相似之處。這表示我們的腦海中（或者我們腦海中構建的模型）都會有一種預期心理，無法對其他的可能性予以妥善的考量。

▌自我安慰

「認知失調」（Cognitive dissonance）——人類與生俱來希望內外合一的渴望——也是我們接下來要談的問題之一。[14] 認知理論由社會心理學家利昂‧費斯汀格（Leon Festinger）於 1950 年代提出。當「一人的兩個認知——觀念、態度、信念、意見——在心理上不一致時」，便出現認知失調。[15] 失調會導致我們心靈試圖減少心理不適的狀況。

很多時候，我們會想出如何為本身行動合理化的方式，來解決心理不適的問題。例如，一名男子雖明知佩戴安全帶可增進安全性，但卻不這麼做。為了減少認知失調，他也許會合理化他的決定，聲稱安全帶令人不適、或表示自己的駕駛能力高於平均水準，可讓他免受傷害。對大多數人而言，一點點自我欺騙不至於造成困擾，因為風險相當低，不致讓人晚上睡不著覺。

但如果利害關係很大，找藉口合理化自己的行為便會構成大問題。回顧歷史可以發現，行為惡劣的惡意獨裁者、宗教極端分子，以及立意不善的高層主管在傷害他人時，都會找理由支持自己的行為。以下提供一些例子，顯示當企圖解決內部衝突時，頭腦如何設法解決的程度。

在其他中學生希望將來能當太空人或消防隊員時，懷斯（Kurt Wise）卻夢想取得哈佛大學的博士學位，並且任教於知名大學。在芝加哥大學得到學士學位後，懷斯實現了他夢想的一部分，進入哈佛大學師事知名的古生物學家古爾德，並獲頒地質學博士學位。懷斯的論文提供一種統計方法，可以推斷某一物種的生存時期（多半是幾百萬年前），以補足化石紀錄欠缺的部分。他的貢獻完全符合已完好建立的進化理論。

為什麼在此要提懷斯的成就？懷斯是一位「年輕地球創造論者」（young earth creationist），對於聖經中上帝在幾千年前創造世界的字面說法深信不疑——這一點與他科學背景的訓練完全矛盾。懷斯心中的衝突到達沸騰的地步，因此決定讀遍聖經，希望能找出不符合進化理論的每段文字。這個計畫耗費懷斯好幾個月的時間，當他完成時，他害怕的真相清楚可見：聖經沒有多少證據。所以，他必須在進化論和經文之間決定立場。最後他選擇了經文。他回憶道：「就在那個晚上，我接受了上帝的話，拒絕一切反對說法，包括進化。」他接著說：「如果宇宙所有的證據都反對創世論（creationism），我會第一個承認，但我仍然會是一個創世論者。在這一點，我必須站穩立場。」[16]

1950 年代中期，三位科學家，包括費斯汀格在內，注意到伊利諾州有個小型團體，該團體聲稱接收到其他星球心靈生物的訓示。科學家滲透入這個團體，以收集會議和活動的第一手資料。經過一段時間，成員們開始相信，外太空生命體曾預示人們 12 月 21 日世界將於洪水之中摧毀的惡兆。好消息是，太空船會在午夜降落，解救崇拜的信徒。

在末日之前，崇拜的成員呈現出兩個看似矛盾的行為。一方面，他們對組織依舊深信不移，甚至更加投入；他們辭退工作、終止學業，並分贈財產，期待新的生活。另一方面，他們除了對外含糊分享大災難即將來臨的訊息之外，對外界的人幾乎沒有什麼幫助。

12 月 20 日晚上，信徒聚集在瑪麗安・基奇（Marian Keech，該團體的心靈領袖之一）的家中，等待太空人降臨。當午夜來臨、甚至過了午夜之後，成員們心情開始變得不穩定。清晨四時，待大家休息時，湯瑪斯・阿姆斯壯（Thomas Armstrong，也是信教團體的領袖之一）向滲透進組織的一位科學家傾訴：「我不在乎今天晚上會發生什麼事。我就是不能懷疑。我不會懷疑，即使明天我們必須向新聞界宣布且承認我們錯了。」[17] 值得注意的是，懷斯和阿姆斯壯的評論之間存在驚人的相似性。

上午四時四十五分左右，基奇夫人收到一則訊息：這個崇拜團體一直是「上帝的善力」（force of Good），這股善力之大已讓世界倖免於可怕的命運。這個訊息在團體成員的心靈激起火花，但此後不久，第二個訊息差異更大。崇拜團體立即準備向報社發表「聖誕福音」（Christmas message）和完整的細節。因此，已經精疲力盡的成員在基奇夫人領導之下，開始打電話給報社、電台和通訊社。自此之後，這個信教組織對外開放，並歡迎媒體代表來訪。科學家寫道：「現在這棟房子擠滿了各報社、廣播電台和電視台的代表，遊客自由穿梭進出。」[18]

　　認知失調是關於內部的一致性，而確認偏誤（confirmation bias）則是關於外部的一致性。當一個人尋求資訊，試圖證實一個以往的信念或是觀點，並駁斥或否認與其矛盾的證據，便屬於確認偏誤。[19] 亞利桑那州立大學（Arizona State University）社會心理學家羅伯‧齊歐迪尼（Robert Cialdini）指出，一致性提供了兩個好處。首先，它可以使我們停止思考一個問題，給我們心靈休息的時間。其二，一致性將我們從理性的後果釋放，也就是改變我們的行為。前者允許我們擺脫思考；後者則避免採取行動。[20]

　　當廣播電台於 1920、1930 年代開始在美國盛行時，有些心理學家擔心，易受影響的大眾會受到這種媒體的想法污染。他們憂心的是，每個人同時聽到相同的資訊，可能會引發一些大規模的、無意的協調行為。著名的社會學家伊萊休‧卡茨（Elihu Katz）和保羅‧拉扎斯菲爾德（Paul Lazarsfeld）駁斥這個觀點。他們的研究工作顯示，不論媒體說些什麼，人們的所作所為大多數還是和以往一樣。[21]

　　當卡茨和拉扎斯菲爾德著手探討何以媒體對個人的影響不如預期時，他們發現，人們接觸到和保留下來的資訊是選擇性的。實際上，大多數人選擇他們想要看的、想要聽的，並且排除其他的一切。例如，有份政府備忘錄記錄美國前副總統迪克・錢尼（Dick Cheney）到旅館時的需求。其中包括四罐無糖雪碧、一壺不含咖啡因的咖啡、房間溫度攝氏 20 度，以及所有電視調到最能反映他意見的福克斯新聞頻道（Fox News）。[22] 確認偏誤的這個面向，選擇性接觸和保留資訊，會令我們接觸到不同想法的機會降到最低。

　　艾默里大學（Emory University）心理學家卓・威斯頓（Drew Westen）和同事們做了一項研究，調查各政治黨派之間選擇性接觸和保留資訊的情形。研究人員針對立場堅定的民主黨員和共和黨員進行意見調查後，利用功能性核磁共振機掃瞄他們閱讀幻燈片時的大腦活動。幻燈片的陳述內容包括：民主黨和共和黨總統候選人之間意見明顯相左的言論，以及一些政治中立人士的意見。

圖 2-3　黨員注意到其他黨意見不一致，但對黨內相同情況視而不見

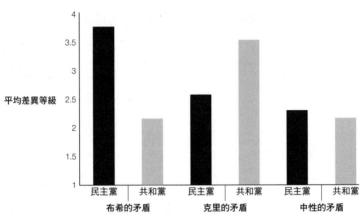

資料來源：Drew Westen, Pavel S. Blagov, Keith Harenski, Clint Kilts and Stephan Hamann, "Neural Bases of Motivated Reasoning: An fMRI Study of Emotional Constraints on Partisan Political Judgment in the 2004 U.S. Presidential Election," Journal of Cognitive Neuroscience 18, no.11 (2006): 1951。

　　研究發現，黨員可明確看出對立候選人之間的矛盾，在四級差異評分表上的評分接近 4 的等級。但當他們黨內的候選人表現不一致時，平均差異等級接近 2，顯示他們看到的矛盾很小。最後一點是，無論民主黨員或共和黨員，對於立場中立者相左的言論都有強烈的反應（見圖 2-3）。[23]

　　大腦影像圖透露的訊息同樣明顯，並依循類似的模式。當黨員看到不認同的資訊時，相關的意識推理迴路都不活躍。但是，當他們看到感興趣的資訊時，大腦會消除消極的情緒狀態並啟動正面的情緒。他們的大腦會大量強化自身原本已經相信的資訊。[24]

　　這個政治黨員研究顯示，注意力在隧道視野發揮極大的作用。當你對某件事情投注很大的心力時，意味著在其他事上就不會這麼重視，如此一來往往產生盲點。每一年，我都會在課堂上播放錄影帶，以演示這種現象。研究知覺的心理學家丹尼爾・西蒙斯（Daniel Simons）和克里斯多福・查布利斯（Christopher Chabris）製作了 32 秒長的錄影帶。這個現在已相當知名的影帶顯示，兩個小組在一個不起眼的大廳，一組身穿白色襯衣，另一組身穿黑色襯衣。每個小組來回傳一顆籃球。我要求學生計算白隊傳球的次數，這頗具挑戰性，因為球員們都在移動。當然，學生們都知道其中有一些弔詭的手法，因此全集中注意力在任務上。

　　這其中確實有個弔詭之處。錄影帶播放大約一半時，一位女士穿著大猩猩裝走進場景中間，用力拍打胸部，然後走開。專注於這個具挑戰性視覺任務的學生當中，注意到該景象的不到 60％（見圖 2-4）。之後我重新播放錄影帶，並且要求學生注意觀看，不要妨礙任務。當大猩猩出現並做出動作時，總是伴隨一些緊張的笑聲。我的實驗結果和其他實驗者的報告非常吻合。

讓我們面對事實：每個人都只有有限的注意力頻寬。若將所有的注意力頻寬投注於特定任務，便沒有多餘的注意力可以留給任何其他事物。因此，大家在急於解決問題及更廣泛的事物之間，應該謹慎地力求平衡。[25]

圖 2-4　大部分觀眾沒有注意大猩猩

© 2005, Daniel J. Simons

資 料 來 源：D. J. Simons and C.F. Chabris, "Gorillas in our midst: Sustained inattentional blindness for dynamic events," Perception 28 (1999): 1059-1074。圖片由 Daniel Simons 提供。

　　另外還有其他會造成隧道視野的因素，例如：壓力。這是我們都能體會的，只是程度各有不同而已。就如同生活中諸多事情一樣，一點點的壓力（或在短時間內面臨很多壓力）是好事。但是太大的壓力會削弱長期思考能力，混亂我們的思維。

　　壓力通常是非常有益的。典型的壓力反應是使得心跳率、血壓和呼吸加速，讓肌肉的能量動起來。高壓也有助於你的感官系統。例如，警察人員報告，在槍戰中他們的視力精確度和聚焦的能力都見改善。他們感覺時間變慢，聽不到其他的聲音。在爆炸性的瞬間，我們可以全心全意聚焦於手邊的任務。在超乎尋常的情況下，這種反應是很寶貴的。[26]

　　但是，如果壓力持續存在，則是壞事。動物面臨生命威脅時，都有一個壓力反應——想像獅子在追逐斑馬的情形——然而一旦威脅消失，就會冷靜下來。雖然人類不時會有身體上的威脅，但是大多數的壓力其實來自工作的截止期限、對於財務狀況的憂慮，以及人際關係的問題。至關重要的是，無論面臨的壓力來自身體或心理，壓力反應都是相同的。而且，不像大多數的動物，我們會感受到慢性的心理壓力。我們的壓力反應體系因為事件的發生而開啟之後，便無法關閉。雖然啟動身體的回應體系以因應短期威脅是件很棒的事，但若這樣的壓力反應持續存在，對你的健康同樣會造成非常不利的影響。

史丹佛大學神經生物學家和壓力專家羅伯特‧薩波斯基（Robert Sapolsky）注意到壓力反應的一個重要特徵，它會關閉身體的長線機能（long-term system）。如果你即將成為獅子的午餐，你不必擔心你的消化、生長、疾病預防或繁殖。套句薩波斯基的話，壓力反應是「小事聰明，大事糊塗」（penny-wise and dollar foolish）。這就墜入隧道視野了。

處在壓力下的人很難為長遠思考。明天可能丟掉工作的經理，對於三年之後才能東山再起的決策不會有多大興趣。心理壓力會產生刻不容緩的感覺，抑制當事人考慮長期才有回報的方案。壓力反應會有效迫使你專注於處理眼前的風險，導致你做出拙劣的決策。[27]

▋ 誘因

誠如經濟學家所大力主張的，誘因至關重要。誘因是一種不論是財務上或其他方式的因素，能夠鼓勵人們做出某個決策或行動。在許多情況下，誘因會產生利益的衝突，讓人妥善考慮其他選擇的能力因此受損。基於此，當你評估自己或他人的決策時，你會考慮有誘因鼓勵的選擇。

神經外科醫生卡翠納・菲立克博士（Dr. Katrina Firlik）分享一個例子：在脊柱外科手術研討會上，有位外科醫生介紹一個女性病患案例。該病患由於頸部椎間盤突出擠壓神經，致使她的脖子感到痛苦。典型的傳統治療方式，例如物理治療、藥物治療，對她都沒有效用，於是她正在等待手術。

外科醫生提出兩種手術方式，請觀眾投票選擇。第一種是較新的手術，移除突出的整塊椎間盤，用骨插取代，並與其他椎間盤結合。絕大部分的觀眾舉手同意。第二種選擇是較傳統的手術，只移除椎間盤突出壓迫神經的部分。這種手術無結合的必要,因為大部分的椎間盤仍完整留下。只有少數觀眾舉手贊同第二種選擇。

演講者接著問觀眾(幾乎全是男性):「如果這個病患是你的妻子呢?」這一次選擇結果倒過來,絕大部分的觀眾贊同第二種選擇。主要原因是,若採用較新且複雜的手術,外科醫生收取的費用通常是舊手術的好幾倍。[28]

誘因機制在 2007 至 2009 年金融危機期間也發揮了關鍵性的影響力。以次級抵押貸款市場來說,根據美國聯邦儲備委員會(Federal Reserve)前主席艾倫・葛林斯班(Alan Greenspan)的說法,「不可否認的,這是危機最初的來源」。因信用紀錄不佳或有限,而無法達到主要信貸標準的人們,卻能在次級抵押貸款市場借到錢。不僅如此,金額之高是前所未見的,而且初期的利率通常很低。次級抵押貸款占新貸款的比例,從 1990 年代末期的 10%左右,成長到 2006 年的 20%,其中絕大多數都是未受規範的放款。當房價下跌時,這些次級抵押貸款借款人最先遇到麻煩,於是在整個金融體系引發一連串的損失。

雖然放任次級抵押貸款市場成長顯然不是一件好事，但影響參與者的誘因卻強烈鼓勵這波趨勢。例如：

- 信用紀錄不佳的人可以擁有夢寐以求的美好家園。
- 放款人可從借貸賺取費用，因而不斷放寬承保標準。他們也未能守住大多數的擔保品，因此對他們而言，主要的誘因在於追求成長，而不是審慎放貸。
- 投資銀行買下個人的抵押貸款，並整批轉售給其他投資者，從中賺取費用。
- 評等機構在評鑑抵押擔保證券時，是要收取費用的。他們發出相當數量的 AAA 級評等，代表信譽良好。
- 投資者在 AAA 級抵押擔保證券獲得的回報，要高於其他 AAA 級金融商品獲得的回報。由於這類投資者大多根據投資組合的績效賺取報酬，因而收益增加會使得費用提高。[29]

次級抵押貸款危機顯示，在複雜的體系裡，對個別經紀商最理想的結果，對整體而言卻可能不盡理想。在隨之而來的經濟崩潰中，我們可以輕易看出這條鏈子上每個相關人士的動機：追求更多的房屋，收取更多的費用，賺取更高的收益。從單一層面來看，這些動機確實有其道理。但是當所有參與者都在追求自己的目標，卻未能考慮對房屋市場和金融體系較為廣泛的影響時，整個體系就會步入崩潰。對於深信市場機制的狂熱信徒而言，這種集體的失敗尤其驚人。葛林斯班寫道：「我們這些原本為了保護股東權益而關注貸款機構自身利益的人士（包括我自己在內），因此備感震驚，甚至到了難以置信的地步。」[30]

許多拙劣的決策結果來自不適當的誘因，而非決策錯誤。隨誘因而來的偏誤經常是出於潛意識的。哈佛大學商學院教授馬克斯‧貝瑟曼（Max Bazerman）針對決策制訂進行研究。他和一些研究人員詢問了 100 多位會計師，請他們審查 5 個內容含糊的會計案例，並判斷每個案例是否符合會計原則。一半的會計師被告知，自己是受雇於這家公司，其餘的則被告知受雇於另一家公司。那些扮演公司稽核人員的會計師中，有 30% 以上選擇符合會計原則，這意味著即使與公司的關係純屬假設，也會影響個人判斷。研究人員寫道：「利益衝突的心路歷程中有個最顯著的特徵是，人們會在不自覺的情況下陷入貪腐。」誘因對隧道視野而言，是個強大的推動力量。[31]

究竟該如何才能避免陷入隧道視野的陷阱？以下是一份五要點清單：

1. 明確考慮替代方案。 誠如萊爾德的推理模型所示，決策者考慮的替代方案往往不足。你應考量基準率，或在適當的時機根據市場標竿，全面檢查替代方案，以降低代表性原則偏誤或易獲得性偏誤的影響。

要達到這個目的，談判專家建議，各位在進入談判之前，應該要知道達成協議最理想的方案、拂袖而去的話會有何代價，以及打聽清楚談判桌另一方的想法。這些盤算可讓你提高有利交易的勝算，並且避免發生不知所措的意外情況。其他的情境也是一樣，明確、全面地列舉所有的替代方案，對你會很有幫助。[32]

2. 尋求異議。 當然，知易行難；重點在於，要證明你的看法是錯誤的。你可以運用以下兩項技巧。首先，提出答案可能有違本身看法的問題。然後，仔細聽取答案。考察資料時也一樣：尋找可靠的來源，請對方提供與你不同的結論。如此一來，可以避免陷入愚蠢的矛盾之中。[33]

可能的話，身邊要有跟你唱反調的人。這在情感上、理智上都非常困難，但對於尋覓替代方案卻非常有效。這種做法也有助於降低團隊思考的風險。當團隊成員致力於達成共識時，往往迴避測試替代方案的想法，好讓衝突降到最低程度。林肯（Abraham Lincoln）充分體現了這一點。他在各界都不看好的情況下順利入主白宮之後，任命了許多強敵擔任內閣職位。日後當這些由強敵組成的團隊在南北戰爭之中橫掃美國，更讓他贏得昔日對手的敬重。[34]

3. 記錄先前的決策。人類有一個奇怪的傾向：一旦事情結束之後，我們會認定事前就知道會有這樣的結果，但實際上並非如此。這就是所謂的「後見之明偏誤」（hindsight bias）。研究顯示，人們在回憶結果發生之前的不確定情境時，這方面的記憶並不可靠。

有一次，我開車載全家人到機場，要趕出國度假的班機。我們可以走 95 號州際公路或梅里特公路（Merritt

Parkway），這兩條路線的距離大致相當。我注意聽路況報
導，兩條路都還算暢通，最後我選擇 95 號州際公路。孰料
幾分鐘後，我們遇到了因意外事件造成的交通壅塞。待意
外事件排除後，我們衝向機場，但還是慢了一步，沒能趕
上飛機。我的妻子轉向我，以憤怒的語氣說：「我早就知道
我們應該走梅里特。」正如丹麥哲學家齊克果（Soren
Kierkegaard）所說：「人生唯有回頭看才能夠理解，但日子
無論如何要往前過。」[35]

因此，我們往前看的時候通常沒有考慮足夠的替代方
案，但在回顧時卻又自認了解情勢。有個方法可以矯正這
兩種缺失——寫下你做決策背後的理由，並且定期回顧過
去的行動。決策日誌的價格低廉，且平常容易定期奉行。
這種方法可以避免後見之明偏誤，並促使人們對各種可能
性建立全面性的視野。

4. 情緒極端時避免下決定。當然，制訂決策時很難要
求各種條件都很理想。但可以肯定的是，深陷情緒時，你
的決策能力將迅速削弱。壓力、憤怒、恐懼、焦慮、貪婪
和興奮等心理狀態，都不利於做出有品質的決策。但是，

正如在情感波動時很難做出正確的決策，缺乏情感時同樣也很難做出正確的抉擇。神經科學家安東尼・達馬西歐（Antonio Damasio）建議：「當我們的情緒較為平衡時，推理能力的運作才會最有效率。」若你覺得處於極端的情緒中，應盡量推遲重要的決策。[36]

5. 了解誘因。仔細考慮有什麼誘因存在，以及這些誘因可能鼓勵何種行為。財務誘因一般容易發現，而非財務的誘因（如聲譽或公平性），相較之下不那麼明顯，但對於決策的推動仍十分重要。雖然少有人相信誘因會扭曲我們的決策，但證據顯示，這樣的影響力確實出於潛意識。最後，對團體成員個人有利的誘因，極可能對整體造成毀滅性的影響。

由於各種心理方面的原因，人類做決策時考慮的替代方案往往過少。在許多情況下，最明顯的選擇就是正確的選擇。但在現今世界裡，選擇方案遠比以往更為豐富，此時，隧道視野可能導致嚴重錯誤，但這些錯誤是可以完全避免的。再次提醒各位，你不需要每一個決策都費心費力。而是當牽涉到的利害關係夠大時，問問自己是否容易受到隧道視野的箝制。若是如此，請謹慎檢驗你的決策過程，並且採取具體的步驟，明智考慮不為人所見的可能性。

專家限制

演算法
比較可靠嗎？

第一個錯誤的決策制訂：利用專家，而不是數學模型。

第二個決策錯誤：依靠專家的智慧，而不是群眾。

對於零售商而言，準確預測耶誕假期的銷售量是個關鍵性的任務。預測過低會造成空架和利潤損失的問題，而太樂觀的預測則會導致存貨和利潤率壓力。因此，零售商大有準確預測銷售的誘因。要做到這一點，大多數零售商都需要依靠專家，也就是在組織中收集資訊、研究趨勢，並提出預測的人。

這件事關係重大，特別是在消費性電子產品公司，因為送禮季節的收入在營業額中占相當大的比重，如果沒有順利消化，庫存商品會迅速貶值。對消費電子巨擘百思買（Best Buy）這類極為仰賴專家預測的零售商，內部專家壓力之大可想而知。因此，你可以想像，當百思買公司總部看到詹姆斯‧索羅維基（James Surowiecki）的暢銷書《群眾的智慧》（*The Wisdom of Crowds*）時，會有什麼反應。因為書中透露令人吃驚的訊息：一群相對無知的民眾預測到的訊息，比公司最優秀的專家還要準確。[1]

索羅維基的觀點在百思買禮券業務部門主管傑夫‧賽沃茲（Jeff Severts）的心中產生共鳴。賽沃茲想知道，這個想法在企業環境中是否屬實，因此他給公司內幾百人一些基本的背景資料，並要求他們預測 2005 年 2 月的禮券銷售。當他在 3 月計算這些預測結果時，發現近 200 名受訪者的預測平均值是 99.5％準確的。相較之下，研究小組的官方預測卻差了五個百分點。在此例中，群眾的預測比較準，但這是偶然的結果嗎？

當年稍晚，賽沃茲設立一個中央收集站，請員工提交及更新他們對於從感恩節到年底的銷售估計。有超過 300 名員工參加，賽沃茲負責追蹤群眾的集體猜測值。當 2006 年初塵埃落定時，他透露，內部專家在 8 月的正式預測有 93％的準確度，而相對業餘的群眾，其預測值只有 0.1％的差距。[2]

百思買隨後增撥資源至其稱為「行業標籤」（TagTrade）的內部預測市場。[3]該市場透過 2,000 多名員工，為公司主管提供非常實用的預測。這些員工參與的交易主題包羅萬象，從客戶滿意度、開店面，到電影的銷售。例如，在 2008 年初，TagTrade 預測一款新筆記型電腦套裝服務的銷售將會令人失望，不像專家預測般樂觀。初期銷售結果證實了這項預測，公司於是撤回筆記型電腦套

裝服務，並在秋季重新包裝後再度推出。儘管遠遠稱不上
完美，但是該內部預測市場大多數的預測都比專家更為準
確，為管理階層提供其他管道難以取得的資訊。[4]

▎侍酒師，別對這個方程式嗤之以鼻

說到葡萄酒，我是一無所知。雖然晚餐時我喜歡小酌
一杯，但是挑酒的工作幾乎總是推給餐廳服務員或共進晚
餐的對象，並天真地將飲酒的愉悅和葡萄酒的價格混為一
談。[5]對我而言，評斷酒的好壞就像觀賞藝術品一樣——情
人眼裡出西施——我一直認為，飲酒要晃動酒杯，啜飲和
品味的這群人都是博學之士、而且有些神祕。所以，當耶
魯大學計量經濟學和法學教授伊恩‧艾瑞斯（Ian Ayres）
在《什麼都能算，什麼都不奇怪》（Super Crunchers）一書
中寫了方程式，宣稱可以評估葡萄酒的價值，而不必喝上
一大口才能獲知時，我的喜悅可想而知：[6]

葡萄酒價值＝－12.14540＋0.00117冬季降雨量＋0.61640

生長季節平均溫度－0.00386 收穫季降雨量

經濟學家和葡萄酒愛好者艾森菲特（Orley Ashenfelter）計算出這個迴歸方程式，以解釋來自法國波爾多（Bordeaux）地區的紅葡萄酒品質。長久以來，波爾多酒商藉由持續使用相同的方法來生產葡萄酒，以及不斷認真記錄雨量和溫度，提供艾森菲特豐富的數據。看出氣候與葡萄酒品質之間的明確因果關係後，他發展出這個方程式來量化箇中的連結。儘管葡萄酒行家內心感到不以為然，艾森菲特的價值預測已經證實極為準確，特別有益於判斷出廠年份較短的葡萄酒。[7]

在這個案例中，電腦優於品酒鑑賞家。多年來，葡萄酒飲用者必須仰仗專家的意見，但各路專家對於品質的觀點都各有不同。最後竟然還是由局外人（此例中是位經濟學家）來找出以往遭到忽略的關係。有了這個方程式，電腦可以提供更快、更便宜和更可靠的評鑑，而且沒有勢利的氣味。

▌專家殿堂正逐漸傾頹

　　由於群眾的智慧受到網路運用的加持，以及電腦運算
能力的日新月異，致使專家預測的加值能力不斷下降。我
將此稱為「**專家限制**」（expert squeeze），而且可茲證明的
證據與日俱增。儘管趨勢如此，我們依然相信，許多形式
的知識是技術性且專門的，同時渴望得到專家（亦即那些
具備特殊技能或知識的個人）的意見。我們直覺認為，那
些身穿白色實驗室外袍或細條紋西裝的人必定知道答案，
並盲目聽從，但卻對電腦產生的結果、或一群新手的集體
意見心存疑慮。[8]

　　專家限制意味著，人們固守陳舊的思維習慣，不用新
的方法深入了解問題。要知道何時得超越專家的意見，必
須以全新的觀點來看事情，而這個觀點不會不請自來。不
過可以肯定的是，專家的未來並非全然黯淡。專家在某些
關鍵領域仍保有優勢。我們的挑戰是，要知道何時可借助
專家的力量，以及如何運用。

　　那麼，身為決策者的你，要如何管理專家限制？第一

圖 3-1　專家的價值

領域描述	以規則為基礎：結果的範圍有限	以規則為基礎：結果的範圍廣泛	機率：結果的範圍有限	機率：結果的範圍廣泛
專家表現	比電腦差	通常比電腦好	等於或不如集體	不如集體
專家協議	高	中	中／低	低
範例	• 信用評分 • 簡單的醫療診斷	• 西洋棋 • 圍棋	• 招生人員 • 撲克牌	• 股市 • 經濟

步：認真考慮你所面臨的問題。圖 3-1 可助你引導這個過程。左方第二欄的問題需以規則為基礎的方案解決，而且可能出現的結果數量有限。在此，個人能夠根據過去的模式對該問題進行研究，並寫下指導決策的規則。[9] 對於這種類型的任務，專家可以做得很好，但只要原則明確、定義完善，電腦其實更便宜且更可靠。諸如信貸評分、或簡單形式的醫療診斷等任務即是如此。由於解決方案大部分已經過測試、事實證明是正確的，因此專家對於如何處理這類問題不會有不同意見。

對於這些問題，專家最初的角色十分重要，因為他們想出能夠運作的規則、或演算法。艾森菲特的例子便是如此。然而，潛在的規則並不總是顯而易見。有時候，專家必須使用統計方法來解決方案的結構，然而一旦他們完成，電腦系統就能接手。

哈拉斯賭場（Harrah's Casino）在 2000 年代初期的經驗便是一個很好的例證。多年來，哈拉斯就像其他的賭場一樣，討好在牌桌上大手筆下注的客人。然而，經過仔細研究客戶資料之後，他們發現，能夠自由支配時間、收入的中年和成人對賭場的價值最大。因此，賭場主管運用這些研究結果，針對他們最好的客戶創造更大的忠誠度，同時更有效管理豪賭客。專家長久以來深信，豪賭客是賭場最具價值的客戶，這是錯的，但唯有透過新的觀點檢視數據，才會看得出來。[10]

現在讓我們來看另一個極端，最右邊這一欄列舉各種結果發生的機率。這裡沒有簡單的規則。你只能用機率來表示可能的結果，而且結果的範圍廣泛，譬如經濟和政治領域的預測。證據顯示，在解決這類問題上，集體智慧的表現更勝專家。例如，經濟學家預測利率的準度極差，遠低於正常水準，經常難以準確猜測利率走向。[11] 同時也請注意，專家不但對實際的結果預測失準，而且通常也不認同彼此的看法。兩位資歷相當的專家，可能預測徹底相反，並因此做出完全相左的決策。

石油價格的預測即是一例。一方是像馬修・西蒙斯（Matthew Simmons）這樣的專家。西蒙斯是投資銀行家和能源專業顧問，他認為全世界的石油開採已達高峰，石油價格可能會因而提高。另一個陣營則是包含經濟研究員丹尼爾・尤金（Daniel Yergin）在內的專家，認為科技可能有助人類找到新的石油來源，而且可以有利潤的方式開採。雙方陣營都有聰明、具說服力的專家，但是對未來石油價格的走向卻抱持相反的結論。[12]

中間兩欄是專家的地盤。對於以規則為基礎、結果範圍廣泛的問題，專家的表現不錯，因為在消除不良選擇，以及在少量資訊之間建立創意聯結方面，他們優於電腦。艾瑞克・伯納博（Eric Bonabeau）是位提供企業顧問服務的物理學家，他結合電腦和專家知識開發程式系統，尋找關於包裝設計的解決方案。伯納博利用電腦、根據演化原則（重組和突變）找出替代方案，並由專家為下一代挑選最好的設計（選擇）。電腦在設計替代方案方面時有效率，但沒有品味。比較大型的消費產品公司，包括寶鹼（Procter & Gamble）和百事可樂（Pepsi-Cola）已經成功利用該技術，使他們的產品脫穎而出。[13]

不過，隨著性能改善，電腦將會贏過專家。想想看，以往沒有任何電腦可以擊敗國際西洋棋世界冠軍；這個局面直到近年才改觀。1999 年，IBM 公司的超級電腦深藍（Deep Blue）在六局比賽中，擊敗 1985 至 2000 年國際西洋棋大賽的世界冠軍蓋瑞・卡斯帕洛夫（Garry Kasparov）。不過，人類在圍棋方面仍然比電腦程式占主導地位。原因是，圍棋的規則雖不複雜，但棋盤較大（19×19），比西洋棋容許更多的位置組合。一切只是時間的問題。隨著運算能力變得愈來愈強、價格愈來愈便宜，電腦系統終將贏得這場戰爭。表 3-1 顯示，電腦在各種比賽和人類競賽的成績。

至於結果範圍有限以及會受機率影響的問題，專家表現的評斷則好壞不一。如果缺乏特定領域的知識，電腦和群眾的表現都不好。例如，專家教練可以運用他對競爭和

表 3-1　人類對比機器：優勢在哪裡？

	優勢	
遊戲	機器	人類
橋牌		X
西洋跳棋	X	
西洋棋	X	
圍棋		X
黑白棋	X	
拼字遊戲	X	

資料來源：Matthew L Ginsberg, "Computers, Games and the Real World," Scientific American Presents: Exploring Intelligence 9, no.4 (1998): 84-89。

團隊獨到的知識，發想出比電腦更理想的比賽計畫。同樣的，執行主管為其公司規劃的策略也可能會比較好。[14]

　　當你將問題經過適當分類之後，便可著手找出最理想的解決辦法。正如我們所看到的，電腦和集體決策在許多領域（包括醫藥、商業和體育）仍未獲得充分的運用，做為決策的指導原則。也就是說，在這些領域中，專家仍是至關重要的。首先，專家必須建立起當初取代他們的系統。賽沃茲協助設計的預測市場超越了百思買內部的預測人員。在艾森菲特提出研究結果之前，波爾多紅葡萄酒的評鑑在很大程度上是主觀的。當然，專家必須凌駕於這些系統之上，在必要時改善預測市場或方程式。

接下來，我們需要專家來擬定策略。在此，我所指的是廣泛的策略，不僅包括日常的戰術，同時也包括解決疑難問題的能力，而後者是透過交互關聯的辨識，以及找出創新流程（其中牽涉到以新的途徑結合各方想法）。專家的職責在於，決定如何以最好的方法挑戰競爭對手，落實哪些規則，或是如何重新組合現有的組織元素，以創造新穎的產品或經驗。

最後，我們需要懂得人們的心理。在決策的過程中，不僅需要統計學，也要熟悉心理學。領導者必須了解他人，才能做出正確決策，同時讓其他人心服口服。

▍店員比不上演算法

1990 年代初期，我和妻子住在紐約市。晚上無事時，我們會租片回家觀賞。就如同那個時代其他影片出租店一樣，店裡會有一兩位店員根據你之前喜歡的影片及你當時的心情，非常熱絡地向你推薦，甚至可能不時會推薦一兩片你不常看的影片。考慮到他們相對不算多的電影庫存，以及對我們的電影口味有限的知識，這些員工算是相當有幫助的。

DVD 影片租借網站 Netflix 設立於 1997 年，以客戶滿意度為核心考量，初期便成功依據訂戶的喜好，介紹匹配的影片，業務因而蓬勃發展。2000 年，這家公司推出名為「Cinematch」（影片配對）的服務，由一套演算程式系統，執行觀眾和光碟的配對。Cinematch 利用消費者回饋的資訊提供推薦，迅速改善預測消費者口味的準確度，讓用戶持續感到滿意及減少對新片發行資訊的依賴。Cinematch 目前已帶動 Netflix 一半以上的租金收入。但公司管理階層意識到，Cinematch 並非所有問題的答案。因此在 2006 年，他們發出戰帖：只要能提出更好的電腦程式，在預測消費者偏好的準確度上，比 Cinematch 高出一成，Netflix 願意支付 100 萬美元獎金。

撰寫這本書時，該筆獎金仍在各方爭奪之中，領先團隊的程式比 Cinematch 準確 9.8％。有兩個值得強調的重點：第一，有些人雖然聰明絕頂，但處理問題的價值和 Netflix 相較之下卻是小巫見大巫。（Netflix 的主管不諱言，一個成功演算法的價值超過 100 萬美元。）第二，無論是 Cinematch 或任何最終取代它的程式，其表現都大幅優於紐約市影片出租店的員工。[15]

Netflix 的演算法，以及和當地影片出租店員意見的品質之間南轅北轍的對比，說明了本章第一個錯誤的決策制訂：利用專家，而不是數學模型。我承認，這個錯誤對各領域的專家而言是個直接的侮辱，令人難以忍受。但是在社會科學領域，這也是紀錄最為詳盡的研究發現。

1954 年，明尼蘇達大學心理學家米爾（Paul Meehl）出版一本書，評論專家（心理學家和精神病學家）的臨床判斷與線性統計模型的研究。他認真分析，有信心做到公平的比較。在一次又一次的研究後，他發現統計方法不輸（甚至超過）專家的表現。[16] 較近期的例子是，加州大學柏克萊分校心理學家泰洛克（Philip Tetlock）針對專家預測，完成一項歷時 15 年以上的周詳研究，其中包括來自 60 個國家 300 位專家的 2800 項預測。泰洛克請專家針對有機率性質、結果範圍廣泛的政治和經濟案例的結果進行預測。總結這些研究發現，泰洛克斷然表示：「不可能找到任何人類預測能力明顯優於外推演算法的領域，複雜的統計方法就更不用說了。」[17]

　　儘管有幾十年充分的證據，各領域依賴專家的傾向依然毫無變化。事實上，大多數人很難吸收廣泛的統計證據，以融入他們的判斷中。當你面對如何挑選影片的決定時，問問自己，比較希望得到 Cinematch 提供的推薦，還是影片出租店櫃檯後頭的店員。現在，你已知道何者最可能提供你最大的觀賞樂趣。

▊ 群眾智慧

在百思買的例子，非專家集體做出優於專家的預測，顯示我們在此要介紹的第二個決策錯誤：依靠專家的智慧，而不是群眾。想了解集體為何通常是明智的（且有時是很不明智的），我們需要深入了解群眾智慧運作的方式。但在進行之前，請思考以下問題：一群不是專家的人，怎能做出優於專家的預測？

社會科學家史考特・佩吉（Scott Page），曾針對群體解決的問題進行研究，並對了解集體決策提供非常實用的方法，稱之為「多樣性預測定理」（diversity prediction theorem）。該定理陳述如下：[18]

集體誤差＝平均個人誤差－多樣性預測

這個定理使用社會科學和統計研究人員普遍採用的平方誤差做為精確度的評量，因為它確保正誤差和負誤差不會相互抵消。[19]

平均個人誤差掌握了個人猜測的準確性，你可以把它視為一種衡量能力的評量。多樣性預測反映了猜測的分散情形。集體誤差，意即正確答案和平均猜測之間的差距。在佩吉的著作《差異》（*The Difference*）裡，他深入討論多樣性預測定理，並大量提供該定理運作的例子。

在解釋多樣性預測定理時，我會要求學生猜測罐內軟糖豆的數目，讓他們了解集體誤差、平均個人誤差及多樣性預測。例如有一年，學生平均猜測 1,151 顆軟糖豆，實際為 1,116 顆，誤差約為 3%。個人的猜測與平均猜測差最多的約 700 顆。但是，多樣性之高，足以抵消大部分的個人誤差，留下一個小的集體誤差。

多樣性預測定理告訴我們，多樣性群眾的預測絕對比群眾裡一般的個人更為準確，而且總是如此。大多數人並不認為自己是平凡之輩。然而，在現實中，有半數的人必然低於平均水準。因此，我們該認清自己何時會是低於平均的那一半。

同樣重要的是，你可以透過能力或是多樣性的增加，來減少集體誤差。能力和多樣性兩者必不可少。對於衡量

市場的健康或建立成功的團隊，其影響力都是息息相關
的。[20]

　　最後，雖然此定理並未清楚表明，但集體往往優於個
人，即使是最優秀的個人也不例外。因此，一個多樣化的
集體總是凌駕於一般人之上，而且通常擊敗每一個人。在
軟糖豆實驗中，73 位學生的猜測只有 2 位比共識準確。對
專家來說，這可不是好消息，且必然深深震撼所有的決策
者。

　　有了多樣性預測定理的加持，我們可以更加了解，在
何種情況下群眾可以預測得很好。三個條件必須到位：多
樣性、整體性和誘因。每個條件在方程式中都不可或缺。
多樣性可以降低集體誤差；整體性則保證市場會把每個人
的資訊都納入考慮；誘因會鼓勵人們，只有自認具備獨到
觀點時才會參與，以減少個人的誤差。

　　當然，集體不能解決所有的問題。如果你的水管需要
修理，你最好找位水電工人，而不是召集主修英國文學的
學者、和平工作團和天體物理學家一起工作。但當遭遇複

雜問題，且具體規則無法解決時，多樣性的群體通常比專
家更有價值。

▌專家也要練過才能使用「快思」

在最近的一次調查中，幾乎有一半的財星千大企業經
理人表示，他們在制定決策時依靠直覺。事實上，許多暢
銷書大力推崇直覺，而且商業和醫療產業巨擘也特別尊崇
出於直覺（看似高深莫測）的決策。[21] 問題是：直覺不是
絕對有效的。這個想法引出我們要提出的第三個決策錯誤
——不恰當地依賴直覺。在制定決策時，直覺能夠發揮明
確和積極的影響力。但你必須清楚辨別，直覺何時對你有
利，而何時又會引你步入歧途。

各位可以看看丹尼爾・卡尼曼在 2002 年諾貝爾經濟學
獎演講時，所描述的兩種決策制定系統。第一套系統是經
驗系統，特點是「快速、自動、不費力、聯想，以及難以
控制或修改的」。系統二是分析系統，特點為「比較緩
慢、一系列的、要付出努力，以及審慎控制的」。

在卡尼曼的模型中，第一套系統利用知覺和直覺，產生關於對象或問題的印象。這些印象是自然而然產生的，個人可能無法解釋。卡尼曼主張，不論個人是否有意識地做出決定，所有的判斷都牽涉到第二套系統。因此，直覺是反映印象的一種判斷。[22]

透過在特定領域實際且審慎地操練，專家可以培養和增強他們的經驗系統。因此，國際西洋棋大師可快速地審度棋盤上的佈局，以決定在特定的比賽中該怎麼做。事實上，專家會將正在處理的系統特徵內化，釋出注意力到高層次的分析思考。這也說明了專家普世的特徵，其中包括以下特質：[23]

- 專家會看出自身專長領域的模式。
- 專家解決問題的速度遠比新手快。
- 專家說明問題的層次比新手深入。
- 專家可以質化的方法解決問題。

因此，直覺在穩定的環境行之有效。然而，當你面對的是一個不斷變化的系統，尤其是涉及階段過渡時期，那麼運用直覺便會造成失敗的結果。儘管直覺的力量近乎神奇，但在日益複雜的世界卻逐漸失去作用。

讓我再強調一點。人要成為專家，必須經過審慎、刻意的練習，培養經驗系統。刻意練習有個非常具體的意義：它包括旨在提高績效的活動，具有可重複的任務，結合高品質的意見回饋，而且沒有多少樂趣。大多數人（甚至所謂的專家）離這些刻意練習的條件都還差得遠，因而無法建立起可靠直覺所需的能力。[24]

▌盲從的主因

我已讚美過電腦和群眾的美德。現在，讓我敲響在本章提出最後一個錯誤的警鐘：傾向以公式為基礎的方法或群眾的智慧。雖然電腦和集體的建議確實有效，但不值得盲目信從。

麥爾坎・葛拉威爾（Malcolm Gladwell）所稱的「誤配問題」（mismatch problem）便是對數字過度依賴的例子。[25]

當專家用表面上客觀的評量,來預測未來表現時,便犯了這個錯誤。在許多情況下,專家所仰賴的評量標準幾乎沒有(或根本沒有)預測的價值。

職業體育的聯合選秀,就是一個說明誤配問題的突出例子。聯盟在選拔之前,會召集具潛力的業餘頂級球員,在球探仔細觀察之下,透過一系列循環測試以評估技能。這些測試包括舉重、跑步和敏捷性演練等體力訓練,以及心理測試。之後根據表現,評鑑每一位球員。在某些情況下,球員表現相對較好或較差,會對其選秀排名造成重大影響,因此也關係到他未來的預期收益。聯合選秀是有壓力、高成本且費時的。

但是商業教授法蘭克・庫茲密茲(Frank Kuzmits)和亞瑟・亞當斯(Arthur Adams)在詳細檢討國家足球聯盟的選秀結果之後發現,聯合選秀排名和隨後的表現並無一致的關係(有一例外,衝刺的速度有助於預測跑衛的表現)。[26] 曲棍球和籃球聯合選秀的結果也是相似的。雖然測量是定量和標準化的,但是測量的標的卻是錯誤的。

　　葛拉威爾認為，誤配的問題不僅存在於體育運動。他舉出許多其他領域的例子，如教育（學歷無法完美預測績效表現）、法律專業〔靠著平權措施（affirmative-action）進入法學院就讀的學生，畢業之後的表現和他們的同學一樣好〕，以及執法人員（魁梧的身材和警察工作本身未必有關）。你可以很輕易地看出，這個問題會如何延伸到各種類型工作的面試，因為未來的表現幾乎難以從這些問題和答案看得出來。

　　盲目跟從群眾智慧也是愚蠢的。雖然自由市場信徒認為，價格反映了最準確的評估，但市場是極端容易出錯的。這是因為，當群眾智慧的三個條件中，任何一個或多個條件遭到違反時，集體錯誤就會膨脹。這也難怪，多樣性是最有可能失敗的條件，因為我們天生是社會性和模仿性的。大棕馬將贏得 2008 年貝爾蒙馬賽，其過度美化的機率便是說明「多樣性崩解」（diversity breakdowns）一個很好的例子。1990 年代後期達康（dot-com）時代股市的過度投資，以及 2007 至 2009 年的金融危機都是同樣的例子。

　　在了解多樣性崩解的過程方面，科學家已取得良好的進展。例如，當人們根據其他人的行動，而不是根據自己的見解做出決策時，就會產生「資訊階流」（information cascades，編注：當超過一定人數後，人們便會停止依賴自己的知識，轉而模仿其他人的行為）的誤導現象。這些階流有助於解釋蓬勃發展、潮流、時尚和崩潰。研究個人或組織彼此之間如何相互關聯的社會網絡理論（social network theory），對於這些階流如何傳遍整個社會，提供完整的解釋。[27]

多樣性崩解也會發生於較小的群體。如果你曾經參加過委員會、陪審團或工作小組，你可能已經看過這種現象。多樣性的喪失通常源於某個領導者的主導、某事實的付之闕如、或群組中的認知同質性。哈佛大學法學院教授凱斯‧桑思坦（Cass Sunstein）和一些同事為了說明後者，把自由派與保守派分開，讓他們與志同道合的人在一塊，思考在社會上具爭議性的議題，如同性婚姻和平權措施。在大多數情況下，與事前的面談相較，這些人士在經過分組後表達的意見較極端。個人和所屬小組在一起之後，意見會變得更具同質性。沒有了多樣性，集體觀點

（不論大小）都有可能變得離譜。[28]

究竟該怎麼做，才能讓專家限制為你所用，而不是對你不利？以下提供一些建議：

1. 為你面對的問題配置最合適的解決方案。正如我們在本章中所看到的，各式各樣的決策制定問題需要各種解決方案配合。因此，仔細考慮你正在制定什麼樣的決策，以及哪一種方法可能對你最有幫助。我們所知道的是，專家在許多情況下表現並不好，建議你應該嘗試其他方法以補充專家的意見。

2. 尋求多樣性。泰克的研究工作顯示，雖然專家的預測在整體上並不理想，然而有些專家的表現還是好過其他專家。預測能力的高低，看的不是哪一位專家或是他們相信什麼，而是他們如何思考的方法。泰洛克透過以撒・柏林（Isaiah Berlin，編注：著名的哲學家及自由主義思想家）的一篇短文，引用古希臘詩人亞基羅古斯（Archilochus）的名言（編注：此名言為「狐狸知道很多事，但刺蝟只知道一件大事。」）──把專家分為刺蝟和狐狸兩類。刺蝟只會一件看家本領,並嘗試透過這個鏡頭為一切事物找到答案。狐狸則是對許多事情都知道一點點,不會以單一答案解釋複雜的問題。

泰洛克發現,狐狸是比刺蝟更好的預測者。狐狸看重多樣性的重要,結合「不同的資訊來源」,並從中做出決策。當然,刺蝟不時會有對的時候,但長期而言,預測準確度還是比不上狐狸。[29] 對於許多重要決策,多樣性在個人和集體的層次都是關鍵。

3. 盡可能運用科技。如百思買和哈拉斯賭場,利用科技抵消專家限制的影響力。儘管愈來愈多企業運用科技和數據來解決問題,但數量之寡還是讓人擔憂。

谷歌(Google)面對眾多的求職者,意識到大多數面談都落得徒勞無功的下場,因此決定開發演算法來找出有吸引力的潛力員工。首先,公司要求有經驗的員工填寫附有 300 則問題的調查問券,以掌握其職位、行為和個性的相關細節。公司接著比較調查結果和員工的績效評量,尋求中間的連結。透過這項調查,谷歌的主管發現到,學業成就與在職表現不見得具備絕對的相關性。這種新穎的做法讓谷歌得以迴避缺乏效果的面試，並著手化解箇中的分歧。[30]

有時候，組織不會利用現有的相關資訊。幾年前，我與美國紅十字會負責災害服務的高級行政主管（負責對國家層級災難進行準備、反應的人物）同在一個小組會議。他談到卡翠娜颶風後救災工作的驚人故事，並提及其他可見的風險。輪到我時，我和大家分享各種災害的機率——禽流感的蔓延、恐怖行動、颶風頻率——這些資料是根據我當天上午從某個預測市場瀏覽的資訊。

這位執行主管顯然對我的評論很感興趣，正式會議之後隨即來找我面談。我討論的災難正是他基於職責應該擔心的，但他永遠無法判斷實際發生的機率。只因他沒有意識到，原來外頭有這類數據可供參考。

你可以在書架上擺滿吹捧群眾智慧、直覺、電腦數值運算（number crunching）或專家的書籍。但身為一位深思熟慮的決策制定者，你的首要任務在於辨別問題的本質，然後考慮最理想的解決辦法。所有的方法都有利弊，沒有任何解決方案是獨一無二的。

　　也就是說，專家限制是真實存在的問題。科技讓決策制定者可以獲得寶貴的見解，有些組織甚至發展可以告知其決策的新方法。但最大的障礙在於，大多數人在心態上還是不能適應，無法把先前由專家決定的事情交由電腦或群眾來解決。雖然對專家不利的證據確鑿，人性仍然是個難以跨越的障礙。

情境知覺

手風琴音樂如何提升勃根地葡萄酒的銷售量？

研究人員將法國和德國的葡萄酒緊密陳列，並附上小小的國旗以作識別。當播放法國音樂時，法國葡萄酒的銷售量佔77%。而當播放德國音樂時，當時有73%的消費者選擇德國葡萄酒。

　　最後一位回答的人是東尼，他是個鼻尖上架著一副眼鏡的中年男子。東尼眉心深鎖，略顯緊張。「一樣。」他不確定地回答。這個答案錯得可離譜了。東尼為最有名的社會心理學實驗——所羅門‧阿希（Solomon Asch）針對群體壓力下的從眾行為所進行的研究——又添了一筆證據。

　　阿希在 1940 年代第一次進行下述實驗。他召集了一個 8 人小組，而真正的實驗對象不知道其他 7 名是實驗者的同夥。阿希要求他們完成一項簡單的任務，在 3 條長度不等的線中，找出一條符合指定長度的線。該項任務的程序很簡單，在受控制的場次中，答案幾乎是零差錯的。接著，阿希展開實驗，暗示同夥們提出錯誤的答案，並觀察最後回答的實驗對象有何反應。雖然有些人會維持自主性、堅守己見，但約有三分之一的實驗對象會遵從群體不正確的判斷。[1] 這項實驗顯示，群體決策（即使很明顯是糟糕的決策）會影響到我們個人的決定。

　　阿希的實驗廣為其他研究引用。然而，討論這樁實驗的人們大多僅滿足於從眾程度的探討。少有人考慮到，真正的問題是：那些從眾者的大腦到底是怎麼了？阿希對此也深感納悶。藉由密切的觀察，他提出三大分類，以解釋這種從眾行為：

- **判斷的扭曲**。這些實驗對象斷定自己的看法是錯誤的，而群體才是正確的。
- **行為的扭曲**。這些個體壓制自身的知識經驗，以順應多數人的意見。
- **觀念的扭曲**。這個群體沒有意識到，大多數人的意見已扭曲了他們的看法。

阿希體認到，釐清人們為何會有從眾行為，和觀察人們的從眾行為同等重要。然而，囿於有限的工具，阿希沒有具體的方法，可以幫助他理解從眾行為背後的心理歷程。

時間向後快轉50年，來到艾默里大學（Emory University）的功能性磁振造影（fMRI）實驗室。神經學家柏恩斯（Gregory Berns）懷著遠大的目標，決定進行一系列阿希的實驗，希望藉此了解從眾者的腦袋到底怎麼回事。柏恩斯將阿希實驗的內容稍作改變，把線段配對的任務改為判斷三維圖形間是否相同（見圖 4-1）。雖然此項實驗比

阿希的任務困難一些,但是在受控制的場次裡,實驗對象
十次中大約九次回答正確答案。與阿希的實驗相同的是,
柏恩斯發現有些個人雖然堅持己見,但當群體提出錯誤答
案時,約有40%的人出現從眾行為。[2]

圖 4-1　阿希實驗的變化──旋轉的三維物體

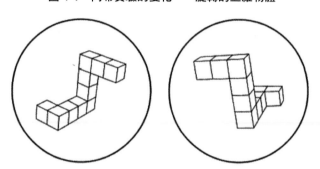

來源:轉載自 Biological Psychiatry, Gregory S. Berns, Jonathan Chappelow, Caroline F.
Zink, Giuseppe Pagnoni, Megan Martin-Skurski and Jim Richards, "Neurobiological
Correlates of Social Conformity and Independence During Mental Rotation," June 22,
2005。

　　但是,柏恩斯擁有阿希沒有的科技──功能性核磁共
振機,這讓柏恩斯得以透過對實驗對象大腦的窺視,測試
阿希所描述的三大類別。關於判斷或行動的扭曲,你也許
會猜測這是屬於前腦的活動;而觀念的扭曲則在後腦,亦

即控制視覺和空間感的區域。

然而，結果與大多數人的預期相反。那些做出從眾行為的實驗對象，科學家觀察到他們的活動是在大腦從事心智旋轉（mental rotation，編注：指個人將景物的空間關係，在腦中做自動化的旋轉，亦即空間推理能力）的區域進行，這顯示出群體的抉擇會影響實驗對象的觀念。同樣令人驚訝的是，研究人員並沒有在大腦前額葉——與高層次心靈活動（如判斷或行動）相關的區域——的活動中發現有意義的變化。柏恩斯斷定，群體的錯誤答案會在從眾者的腦海中形成一個虛擬的影像，遮蔽了他或她自己的眼睛。「我們總認為眼見為憑，」柏恩斯說道：但「眼見為憑所相信的，是群體要你去相信的事。」[3]

當面對群體錯誤的反應時，那些保持自主性的人又會出現何種腦部活動呢？這類實驗對象的杏仁核體（這是發送訊號的區域，以便為立即行動做準備）活動增加。恐懼是杏仁核體最有效的觸發器，而杏仁核體會啟動反應，決定要展開戰鬥或逃之夭夭。因此，從這些堅守己見者的大腦活動中可明顯看出，獨排眾議固然值得讚揚，但也不會讓人感到愉快。[4]

　　東尼參與柏恩斯為美國廣播公司（ABC）《黃金時段》（*Primetime*）節目所作的電視研究。柏恩斯在街頭招募人員，分成 6 人小組，並在鏡頭前進行同樣的實驗。東尼是小組裡的實驗對象。在實驗正式開始之前，他的旋轉任務正確率達 90％，但是面對群體錯誤答案時，他的正確率降到只有 10％。「你要知道，有 5 個人看圖，而我沒有，我只是附和答案罷了。」東尼在實驗後如此說道，我們現在知道原因了。[5]

▌情境勝過性格

　　本章的核心訊息在於，自身所處的情境會對我們的決定造成莫大的影響。隨之而來的錯誤尤其難以避免，因為這些影響大多是出於潛意識的。要在潛意識壓力下做出好的決策，得具備非常豐富的背景知識及高自我意識。

　　當你讀到「寶藏」一詞時，你會有何反應？你感覺好嗎？在你腦海中會出現何種影像？如果你和大多數人一樣，那麼只要反覆思考「寶藏」這兩個字，就能讓你的心情稍感愉快。因此，若有人向你提出一個暗示──某個字、一種氣味、一個符號──你的腦海往往便會朝著聯想的路徑走去。可以確定的是，最初的暗示會勾勒出你最後的決定，而這所有的一切都是在你的感知之外發生的。[6]

身旁的人們也會影響我們的決定，且往往持有充分的理由。社會影響力的產生有兩個原因，首先是訊息的不對稱，華麗的詞語意味著有人知道你所不知道的事情。在這種情況下，仿效就有道理了，因為訊息升級會讓你做出更好的決策。

同儕壓力，或是想要成為內集團成員的欲望，是第二種社會影響力的來源。基於好的進化因素，人們喜歡成為團體的一分子，並自然而然地花費許多時間評估，誰是在「圈內」，而誰又是在「圈外」。[7]社會心理學的諸多實驗再再證實這一點。研究人員已在近 20 個國家進行了 100 多次阿希實驗，結果在各地發現的從眾程度都大同小異。當然，從眾行為也是多樣性崩解的核心，從而導致群眾出現不健康行為的問題。

史丹佛大學社會心理學家羅斯（Lee Ross）提出「基本歸因謬誤」（fundamental attribution error）的術語，用以描述人們傾向根據人的性格來解釋行為，而不是根據情況。我們常把不好的行為和不好的性格聯想在一起。至於本身不好的行為，我們則較容易將它解釋成是對社會狀況的反映。[8]

這種情境力量最令人不安的一面是，它既能為善也能為惡。對於做重要決策的人，情境的負面層面特別引人擔憂。一些人類已知的最大暴行，便是源於正常人置身於惡劣情境下造成的結果。雖然，我們都願意相信，自己做出的決定大多與所處的情境無關，但是證據強烈顯示並非如此。

大多數人，包括心理學家在內，皆假設決策失誤普遍適用於不同文化和時間。但是，密西根大學（University of Michigan）心理學家理查·尼茲彼（Richard Nisbett）所作的研究顯示，東方人和西方人如何看待行為的原因，就存在著重要的文化差異。不同的經濟、社會，以及哲學傳統形成了兩種截然不同的社會活動觀念。東方人提供較多的情境解釋，而西方人則較重視個人。這導致了許多潛在的認知差異，包括注意力的模式（東方人受環境影響，而西方人則是著重對象）、有關控制度的信念（西方人相信自己更能掌握），以及有關變化的假設（東方人較能接受改變）。[9]

有項針對媒體怎樣看待兩樁謀殺和自殺案件的研究，突顯了東西方在認知上的差距。1991 年秋天，有位物理系的中國學生在一場爭取獎金的競賽中敗北，申訴不成，又無法取得教學職務，後來便前往物理系槍殺他的指導教授、處理他申訴案件的人員，最後則自殺。兩週後，一名美國郵政人員失去了工作，申訴不成，又無法找到工作，後來遂衝進郵局射殺他的主管、審查他申訴案件的人員和他自己。

研究人員比較了媒體對這兩個事件的處理方式，包括《紐約時報》（英文）和《世界日報》（中文），觀察是否有觀念上的差異。結果發現西方媒體主要著重於肇事者的缺點和問題（「脾氣很壞」、「精神不穩定」），而東方媒體則強調關係和社會脈絡（「和他的指導教授處得不好」、「受到最近德州大屠殺事件的影響」）。對於美國郵政人員和中國學生的後續調查，也呈現相同的看法。儘管所有人在一定程度上都容易受到基本歸因謬誤的影響，但是，東西方文化在自然傾向方面確實存在明顯的差異。[10]

▍來點音樂配美酒？

　　想像一下，你漫步在超市走道上，正好碰上法國和德國葡萄酒的展示，它們的價格和品質大致相符。你快速做了一下比較後，放了一瓶德國葡萄酒在購物車內，然後繼續購物。當你結帳離開後，遇到研究人員上前詢問自己買德國葡萄酒的原因。你提到價格、葡萄酒的不甜度（dryness），以及你預期它與你計畫中的餐點會如何完美搭配。接著，研究人員會詢問你是否注意到店內播放的德國音樂，以及這是否對你的決定造成影響。和大多數人一樣，你會承認聽到了音樂，並宣稱與你的選擇無關。

　　這個情境是根據實際的研究而來，**實驗結果則揭露本章介紹的第一個錯誤：認為自己的決定不受經驗左右。**

在這個測試中，研究人員將法國和德國的葡萄酒緊密
陳列，並附上小小的國旗以作識別。兩週以來，科學家們
輪流播放法國手風琴音樂和德國式啤酒店的音樂，並觀察
結果。當播放法國音樂時，法國葡萄酒的銷售量佔 77％。
而當播放德國音樂時，當時有 73％的消費者選擇德國葡萄
酒（見圖 4-2）。音樂在購買意願上造成巨大的影響，但購
物者自己並不這麼認為。

當消費者知道音樂會使人聯想到法國或德國時，86％
的人否認曲調對自己的選擇有任何影響。[11] 這個實驗是促
發作用（Priming）的一個實例，心理學家將之定義為「由
目前的情境背景，對知識結構的事件促發。」[12] 換句話說，
任何進入我們感官知覺的意念，就算看似毫不相關，事實
上都會影響到我們的邏輯判斷力。另一方面，促發作用絕
不僅限於音樂而已。研究人員透過接觸的文字、氣味，以
及視覺背景來操控行為。譬如，研究顯示：

- 在接觸到與長者有關的詞語之後，受到促發的實驗
  對象與看見中性語詞的實驗對象相比，前者走起路
  來要慢 13％。[13]

- 置身在充滿清潔劑的氣味中，會促使研究對象在食用酥脆的餅乾時，更能保持環境的整潔。[14]
- 要求研究對象瀏覽描述兩組沙發樣式的網頁，當他們看見有著蓬鬆白雲的背景時，會傾向比較舒適的樣式；而當他們看見背景中出現硬幣時，則會偏好比較便宜的沙發。[15]

　　若談論到派對上的促發作用，難免會有人提起「潛意識廣告」（subliminal advertising）。例如電影放映之前，在螢幕上閃過飲料品牌或食物的廣告以刺激銷售。然而，這個噱頭是無效的，因為促發物和實驗對象情境目標之間的連結，一般而言都太過薄弱。當你在戲院座位上時，你的情境目標是觀賞影片，而非選擇一種飲料品牌。為了讓促發作用能夠奏效，關聯性必須夠強烈，而個體也必須處在該關聯性可以促發行為的情境之下。

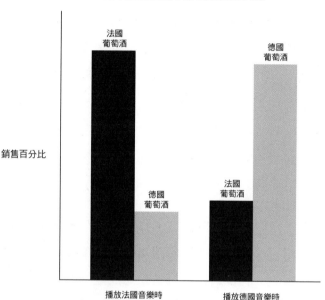

圖 4-2　音樂在潛意識中影響購買的決定

資料來源：Adrian C. North, David J. Hargreaves and Jennifer McKendric, "In-store Music Affects Product Choice," Nature 390 (November 13, 2007) 13。

▌被選項的文字遊戲操控

　　你是否贊成器官捐贈？你同意成為器官捐贈者嗎？如果你和多數人一樣，第一個問題你會給予肯定的答案。但是，第二個問題的答案主要取決於你居住在哪一個國家。例如，以德國和奧地利來說，只有12％的德國人已明確同意捐贈他們的器官，然而，幾乎百分之百的奧地利人都已預設為同意捐贈（請見圖4-3）。差別在哪裡？在德國，你必須選擇加入成為捐贈者，而在奧地利，你必須選擇退出成為捐贈者。這種同意的差距與捐贈態度關係不大，主要在於預設選項的差別。在選擇退出捐贈的國家裡，器官捐贈的實際比例顯著較高。[16]

　　捐贈者的統計數據指出了我們的第二個錯誤：在決定何者對自己最好時，人們的認知不受選項設定的方式所影響。事實上，許多人往往只是順應既定的預設選項。此種傾向適用於廣泛的選擇，從新手機的鈴聲這類微不足道的議題，乃至於財務儲蓄、教育選擇，以及醫療方案等會影響到結果的選項，都是如此。經濟學家理查‧泰勒（Richard Thaler）、法律教授凱斯‧桑思坦（Cass Sunstein）將選擇的呈現和最後決定之間的關係稱為「選擇架構」（choice architecture）。他們強而有力的主張，說明我們單單根據選項的安排，便可輕易地把人們推向特定的決定。[17]

圖 4-3 「選擇加入」和「選擇退出」如何影響同意度

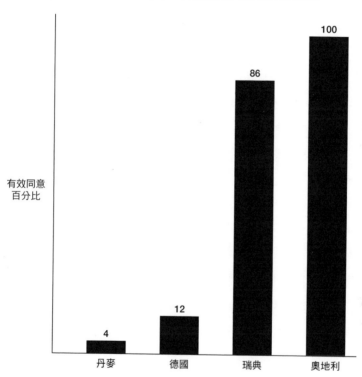

資料來源：Eric J. Johnson and Daniel Goldstein, "Do Defaults Save Lives?" Science 302 (November 21,2003), 1338-1339。

　　那些為選項建立架構的人，同時也為決定本身創造了背景脈絡。由於許多人會順應預設的選項，因此那些為選擇建立架構的建構者，不論好壞，都會影響到廣大群體的決策品質。泰勒和桑思坦倡導一個他們稱之為「自由父家長制」（libertarian paternalism）的概念，其中預設選項對許多人是很好的選擇（大政府的父權關懷），然而，個人也可以自由選擇，背離預設選項（小政府的個人選擇自由）。選擇建構者——醫生、商人、政府官員——無所不在，而且以各種廣泛的技能和意識不停運作。

　　有位傑出的心理學家（同時也是廣受歡迎的巡迴演說家）告訴我一則故事，強調選擇建構者如何不受重視。當公司打電話邀請他去演講時，他提供了兩種選擇。公司可以支付他固定的費用，得到一場制式的演講。或者，公司也可以選擇不付費，但必須和他一起進行改善選擇架構（例如，重新設計一份表格或網站）的實驗。當然，心理學家可透過獲取更多現實世界的選擇設計成果而受益。但對公司而言，似乎也是不錯的交易，因為改善的架構有機會可以轉化為經濟利益，遠遠超出他的演講費。然而，他悲傷地說，到目前為止沒有一家公司接受他的實驗提議。

▎情人眼裡出西施

你認識任何經常買保險和彩券的人嗎？若有，你可以形容他／她既是個正常人，又是個違反預期效用原則的人。保險和彩券的買家代表了第三個錯誤：依賴立即的情緒反應，而不是針對未來可能發生的結果做出中立的判斷，結果徒增風險。[18] 利用系統一（快速的經驗系統）和系統二（較慢的分析系統）之間的區別，當經驗系統凌駕分析系統時，就會發生這個錯誤，導致決策大幅度偏離預期的結果。

這個中心理念就是所謂的「情感」（affect），抑或是在刺激影響下的決策，會形成何種程度積極或消極的情感印象。基本概念是，我們對某些事情的感受，會影響我們對它所做的決定。情感反應迅速、自動、難以操控，而且持續存在於我們的意識之外。正如社會心理學家羅伯特・查瓊克（Robert Zajonc）所言：「在許多決策中，情感這個角色的重要性，遠超過我們願意承認的程度。」有時我們會自我欺騙，自認以理性的態度行事，並且權衡各種替代方案的利弊得失。但實際上幾乎都不是如此。很多時候「我決定支持 X」的成分並不會比「我喜歡 X」多。[19]情感是情境式的,因為它往往依循著鮮明的結果或特定的個人經驗而來。[20]

情感研究顯示,有兩個與機率和結果有關的核心原則。首先,當機率的結果對情感沒有強烈的意義時,人們往往會高估機率的重要性。奧勒岡大學(University of Oregon)心理學教授保羅.斯洛維奇(Paul Slovic)的研究就是一個很好的例子。他要求某小組評估一個可以拯救150條生命的系統,並要另一個小組評估一套預定可拯救150條生命之中98%的系統。雖然,拯救150條生命顯然是比較好的,但是98%的選項卻得到更高的評價。原因是,第一個小組對於150這個總數幾乎沒有感受到任何情感價值。另一方面,98%,接近理想的百分之百,情感則更為強烈。因此,機率就成為評估時的焦點所在。[21]

相反的,當結果很鮮明時,人們對於機率的關注太少,對結果的關注則過多。例如,不管勝率是十萬分之一還是萬分之一,對於彩券玩家來說,感覺都一樣,因為回報是如此之大，而且挾帶著這麼強烈的情感意義。這種「機率不靈敏度」（probability insensitivity）正是個人同時玩彩券和買保險的原因：彩券收益或財物損失的效價（valence），會淹沒相關的輸贏機率。

■ 角色扮演

師從阿希的心理學家，史坦利・米爾格蘭（Stanley Milgram）曾寫道：「一般人若只是做著自己該做的工作，對自身角色沒有任何特別的敵意，最後可能會成為可怕破壞過程中的媒介。」[22] 該評論總結說明他對「服從權威」這項著名研究的核心結論。米爾格蘭表示，在特定情況下，實驗對象會服從權威，並對其他實驗參與者施以致命衝擊的懲罰。當然，衝擊是假的——雖然實驗對象並不知情——但在實驗監督主管的權威觀察下，大多數個體會順從承受令人驚駭的痛苦。聖克拉拉大學（Santa Clara University）心理學家傑瑞・柏格（Jerry Burger）最近完成了實驗的修正版本，發現和將近半世紀前米爾格蘭所得到的結果幾乎如出一轍。[23]

　　米爾格蘭的實驗引出了本章介紹的最後一個錯誤：在解釋個人的行為時，重點放在人的性情上，而不是考慮所在情境。這又重回基本歸因謬誤。極其重要的論點是，情境的影響力比大多數人（特別是西方人）所認知的更為強大。群體意識和場景的組合奠定基石，讓可能嚴重偏離常軌的行為有所依循。

　　史丹佛大學心理學家菲利普・金巴多（Philip Zimbardo）於 1971 年進行了一項實驗，在展示情境力量方面與阿希和米爾格蘭的實驗並駕齊驅。一開始，金巴多提供 15 美元的日薪，徵求參與「監獄實驗」的志願者，為期兩週。他對來自加州帕洛奧圖（Palo Alto, California）地區的 70 名申請者進行了心理和體能的測試，最後選出 24 名健康、精神穩定、中產階級背景的男學生。

　　藉由擲銅板的結果，金巴多指派一半的志願者為犯人，另一半為獄警。一天早上，帕洛奧圖警車接走犯人，「指控」他們武裝搶劫和竊盜，獄警則得分成三班輪值，每個班次的工作時間達 8 小時。

在監獄顧問的協助下，金巴多在史丹佛心理學系大樓的地下室建造了一所監獄。在犯人抵達監獄之際，獄警和典獄長便設法對他們加以羞辱、去人性化，以及欺壓。

雖然金巴多是隨機指定角色，但情境顯然影響行為。他注意到，志願者（以及他本人）開始表現出他們被指派角色的行為。這些犯人嘗試各種手段，企圖從警衛處獲取好處，並想方設法逃跑；然而，警衛則試圖掌控犯人。金巴多因為擔憂警衛過度虐待犯人，質疑情境的道德性，僅僅 5 天便中止了這項研究。[24]

導致情境變得如此暴力的原因，金巴多解釋如下：第一、情境力量在新的場景中最可能出現，因為它毫無先前的行為準則。第二、規則會產生一種支配和鎮壓其他人的手段，因為人們會以遵守規則來合理化自己的行為。第三、當人們被要求長時間扮演一個特定的角色時，他們會冒著無法脫離該角色性格的風險。角色把人們從正常生活隔離，且接納他們平時會避免的行為。最後，在導致負面行為的情境下，往往會有個敵人——某個外部團體。這在內團體（in-group）和外團體（out-group）不再聚焦於個人時，特別明顯。[25]

金巴多在其有關情境力量的著作《路西法效應》（*The Lucifer Effect*）一書中，為不受歡迎的社會影響力提供了抵禦誘惑的祕訣，以令人振奮的註腳為全書劃下句點。說穿了，大部分的建議都是傳達同樣的信息：留心你周遭發生了什麼事。

▌慣性的力量

慣性，或抵制變革，也顯示了情境在現實世界中如何影響決定。「我們為什麼這樣做？」這個問題的一個共同答案是：「我們一直都是這樣做的。」個人和組織總是延續不好的慣例，即使原有的效用已經消失或者更好的方法已經出現。這種環境讓人們不會採取全新的角度來看待老問題。

1990 年，當大衛‧強森（David Johnson）擔任執行長時，康寶濃湯公司（Campbell Soup Company）在財務指標方面，例如股東權益報酬率（return on equity）和盈餘成長（earnings growth），大幅落後於同行。對於任何會帶來更高回報和成長的業務變化，強森都會熱衷地予以考慮。在審查營運時，他注意到每年秋季都有推銷番茄湯的促銷活動，但這是該公司盈利最高的旗艦產品。強森懷疑這項活動是浪費金錢，詢問為什麼存在此一計畫。負責的行政主管回答：「我不知道。就我所知，我們一直有秋季的促銷活動。」

強森做了更多的研究。大約在第一次世界大戰時，康寶濃湯公司決定自行種植所需產品，以確保其品質。在八個星期的番茄收成期，公司盡其所能地生產番茄湯和果汁。收成結束時，康寶濃湯的庫存已堆到天花板了，然而，湯季的關鍵期還要在數月之後。因此，公司開始進行促銷活動以消化庫存。

當然，在最初做出這項決定、一直到強森進行調查的這 80 多年之間，公司已經進一步找到全年的番茄來源，得以避免季節性庫存的激增，以及排除促銷活動的需求。但「秋季促銷活動」這個不符合經濟效益的痕跡卻依然存在。為了克服慣性，管理大師彼得·杜拉克（Peter Drucker）建議大家可詢問這個看似天真的問題：「若非我們已經這麼做了，我們（在得知目前已有的資訊之下）還會這樣做嗎？」[26]

法規可能會導致另一種形式的慣性。大多數人（包括醫生在內）認為，醫療是一種技藝。醫生會根據患者的需求，以診斷和治療患者。僵化程序的建立，例如飛行員的檢核表，感覺過於嚴格。然而，檢核表的運用卻能幫助醫生挽救生命。這並不是說醫生不知道該怎麼做──在大多數情況下，他們很內行──只是他們未必會遵循所有應該遵循的步驟。當被問及醫生為什麼普遍避用檢核表時，曾經擔任過醫生的約瑟夫·布里托（Joseph Britto）打趣地說：「醫生不像飛行員，不會坐著自己駕駛的飛機降落。」[27]

外科醫生兼作家葛文德（Atul Gawande）博士解釋，管制慣性（regulatory inertia）如何凌駕在優秀的決策制定之上，即使面對的是攸關生死的情況。[28] 葛文德提及一位醫生，即約翰霍普金斯醫院（Johns Hopkins Hospital）的麻醉師和急救護理專家彼得・普羅諾佛斯特（Peter Pronovost）。由於父親死於醫療疏失，促使普羅諾佛斯特奉獻畢生的職業生涯，以確保病人的安全。他審慎規劃了一份含有五大步驟的檢核表，以預防病人因為大靜脈插管而受到感染（編注：五步驟分別為：事先洗手、使用抗菌液清潔患者皮膚、為病患覆蓋無菌布幔、穿戴全套無菌設備，以及事後以無菌物品進行包紮。要求執刀醫生確實執行）。在美國，醫療專業人員每年幫病患插管大約 500 萬次，而有將近 4% 的病患在一個半星期內受到感染。治療這些病患的新增費用大約是每年 30 億美元，而且併發症導致每年 2 萬至 3 萬件可避免的死亡案例。

普羅諾佛斯特的檢核表並不具任何革命性，它只是反映了醫生們多年來被教導的標準步驟。即便如此，他指出，醫師們對於大約三分之一的病患至少省略一個步驟，通常是因為他們太忙於處理更緊迫的問題。於是，他說服了醫院管理人員，讓護士確保醫生遵循所有的步驟。當偏離常規時，護士得負責把醫生拉回正軌。

　　普羅諾佛斯特在約翰霍普金斯醫院啟動該項計畫，感染率也大幅下跌。醫院管理人員估計，最初幾年在單一程序中使用檢核表，便挽救了無數的生命，且省下數百萬美元。

　　在這些成果的鼓舞下，普羅諾佛斯特說服「密西根健康與醫院協會」（Michigan Health & Hospital Association）採用他的檢核表。該院的感染率高於全國的平均值，但在使用檢核表之後僅僅 3 個月的時間，便降低了三分之二的比率。這個計畫在執行後的 18 個月內，拯救了大約 1500 條人命，以及省下將近 2 億美元。

　　普羅諾佛斯特的工作並沒有遭到忽視。其他州也開始考慮該計畫。《時代》雜誌提名他為全球百大最具影響力的人物，同時他還獲得了著名的麥克阿瑟「天才」獎（MacArthur "genius" grant）。

　　但慣性又來從中作梗了。

接近 2007 年的年底，美國一個名為「人體研究保護辦公室」（the Office for Human Research Protections）的聯邦機構，指控密西根計畫違反了聯邦法規。該機構提出一個令人費解的理由：這份檢核表代表著一種醫療的改變，類似於實驗藥物，必須在聯邦監管下才能繼續進行，並且要有明確的病患同意書。雖然該機構最終允許計畫繼續進行，但令人憂心的是，不必要的聯邦法規拖延這項計畫在美國其他地方的進展。官僚慣性打敗且抑制了更好方法的出現。

以下想法，將有效幫助你應付情境的力量：

一、要知道你所處的情境。你可以分兩方面來思考。首先是意識層面，你可以在周圍環境中專注於過程、維持壓力在可接受的程度、當個深思熟慮的選擇建構者，以及尋找任何能消減負面行為的方式，從而創造一個正面的決策環境。

接下來，是應付潛意識的影響力。要控制這些影響力，得具備對這些影響力的認知、面對這些影響的動力、並願意致力於處理可能出現的壞決策。在現實世界裡,要滿足所有三個控制條件是非常困難的,但認知是這條路的起點。[29]

二、**首先考慮情境,個人次之。**這個概念,稱作歸因慈悲(attributional charity),主張你在評估其他人的決定時,要先看情境要素,然後再轉到個人,而不是正好相反。這點雖然東方人比西方人更容易做到,但大多數人在看到其他人所作的決定時,總是低估情境在決策評估之中所扮演的角色。盡量不要犯下基本歸因的謬誤。[30]

三、**小心制度性強制力。**華倫‧巴菲特(Warren Buffett)提出「制度性強制力」(institutional imperative)一詞,以解釋機構「盲目」模仿同行作為的傾向。而其背後的動力通常有二。首先,公司希望成為內團體的一部分,就和一般人所希望的一樣。因此,如果業界有些公司正在進行合併、追逐成長、地域性擴張,其他公司也會有意跟進。其次是誘因。執行主管通常可藉由隨波逐流獲得經濟上的報酬。當決策者因為是群體的一份子而獲利時,抽籤幾乎是不可避免。[31]

　　舉例如下：《金融時報》在金融危機首當其衝之前的
2007 年，專訪前花旗集團（Citigroup）首席執行長查克・
普林斯（Chuck Prince）。普林斯說道：「當音樂停止時，事
情會變得很複雜。」顯示出他有感於風暴即將爆發，「但只
要音樂仍然播放，你就必須起身跳舞。」[32] 制度性強制力很
少是一個好的舞伴。

　　四、避免慣性作用。定期重溫你的流程，並思考這些
流程是否助你達到目的。組織時常採取慣例，以至於流於
僵化，妨礙了正面的變革。舉例來說，在美國，改革教育
的努力，便因為希望維持現狀的教師和行政人員而迭遭阻
力。

　　我們喜歡自視為好的決策者，我們衡量事實、考慮替
代方案、並選擇最佳行動方針。當我們做出決定和採取行
動後，都自以為不會受到他人的影響。我們說服自己，以
為是事實和經驗佔了上風，而不是身邊游移不定的行為主
宰我們的決定。

　　不幸的是，事實與我們的看法背道而馳。決策制定

（無論是在醫療辦公室、會議室或法庭上），本質上就是一種社會運動。存在於我們身邊的促發作用、預設選項、情感和行為，在在增加我們如何決定的負擔，而且通常是超出我們意識之外。深思熟慮的決策者會察覺到這些無數的影響力，並努力管理。

數大即不同

蜜蜂如何不靠房地產仲介就找到最好的蜂窩建地？

如果你想了解螞蟻群落，不要請教一隻螞蟻，牠不知道究竟是怎麼一回事。群落才是你該研究的重點。

「如果你觀察一隻試圖完成某件事情的螞蟻，你會對於牠的策拙留下深刻印象。」研究螞蟻行為的史丹佛大學生物學家黛博拉·戈登（Deborah Gordon）如此說道。但她很快補充說：「螞蟻雖不聰明，但蟻群是聰明的。」[1]社會性昆蟲如螞蟻、蜜蜂、白蟻，是大自然中最奇妙的生物。這些看似簡單的物種群落，在無主的情況下已經繁衍了數千萬年。這些群落得以成功地覓食、戰鬥、繁殖，是因為每一隻昆蟲都依循簡單的規則，遵照局部信息行事。然而，整個群落究竟如何運作，至今仍是個謎。

人類社會的層級遠多於動物，而人類也更習慣依賴專家。舉例來說，你是怎麼找到你現在的房子？你可能找了一位房屋仲介，讓他不停地帶你看屋，直到你確定找到一間地理位置適當、大小合適、價位也在預算之內的房子。而經紀人利用對市場，以及對你需求的縱觀了解，幫你找到合適的賣家。

然而，你要如何為成千上萬的個體，找到一個合適的家呢？

　　蜜蜂已經解決了這個問題。當春末逼近，女王蜂和蜂群會離開，去創建另一個新的群落。幾乎有將近一萬隻強壯的蜜蜂。首先，蜂群會停棲在附近的樹枝上，形成鬍子狀的群聚。最後，牠們一起飛往新家，通常是在遠方一棵合宜的空心樹。

　　幾世紀以來，養蜂人觀察這種群飛過程，仍然無法理解蜜蜂是如何做到的。了解答這個疑問，專門研究蜜蜂行為的生物學家湯瑪士‧西利（Thomas Seeley）和柯克‧威司喬（Kirk Visscher）設立了控制條件，並仔細研究蜂群如何找到一個新家。科學家帶了成群的蜜蜂到緬因州（Maine）海岸外的一座孤島，對每隻蜜蜂都加以標記。然後，他們架設了五個箱子供蜜蜂選擇，包括一個完美的蜜蜂住所，有著理想的尺寸、高度和方向。島上幾乎沒有樹木，可確保蜜蜂會在不同箱子中做出選擇。

　　西利和威司喬發現，只有幾百隻蜜蜂外出勘察，並對這些選項予以評價。當牠們一回到蜂群後，只要有蜜蜂發現具吸引力的可能家園，都會跳搖擺舞。這種舞重複狀似數字 8 的迴路，舞蹈的角度顯示出位置，而持續的時間則反映了場地的品質。場地愈好，舞跳得愈久。

　　到目前為止，一切順利。但是，讓科學家驚訝的是：飛往新家的決定不是發生在蜜蜂營區——如果你具備群眾智慧的心態，可能會預測到這一點——反而是在有望的新巢區做出選擇。一旦勘察蜂看到大約有 15 隻其他同伴在可能家園的附近徘徊，牠們就會意識這裡到達法定人數。然後，牠們會飛回蜂群，刺激蜂群起飛，並指引群體到達牠們的新住所。正如西利的概述：「這是一場在所有可能場地中爭取支持的競賽，哪一個場地先聚集 15 隻蜜蜂就勝出。」值得注意的是，蜜蜂幾乎總是挑選到最好的場地。[2]

　　從召開委員會乃至於解決難題，蜂群有很多值得我們學習的地方。[3] 但為了介紹本章節的決策錯誤，我想聚焦在群蜂智慧為何如此違反直覺的原因：你無法經由分析少數關鍵個體的決定，來理解蜂群的複雜行為。不像大多數的人類機構，牠們沒有領導者。這是一個沒有預算、策略計畫和時限的世界。因此，你無法推測，為什麼這個群體僅僅藉由訪談個別成員，便能展現如此的高效率。

　　事實上，西利和威司喬發現，任何個別勘察蜂的信號是「極為嘈雜的」，而且唯有整合才能讓群體知道該怎麼做。[4] 我們在錯誤的層次上無法理解，更遑論管理這麼一個複雜的適應系統。然而，人們往往根據其組成分子來解釋複雜系統的行為，這種傾向是錯誤且常見的。

▋ 整體比個別成員聰明

　　讓我們來定義一個複雜的適應系統，並且說明它為什麼會使得觀察者困惑。你可將複雜的適應系統想成三個部分（見圖 5-1）[5]。首先，有一群各式各樣的代理人。這些代理人可以是你大腦裡的細胞、蜂巢裡的蜜蜂、市場的投資者，或者城市裡的人。異質性意味著每個代理人都有不同且不斷發展的決策規則，同時反映了環境，並嘗試預測未來的轉變。其次，這些代理人彼此互動，而他們的相互作用創造出結構——科學家通常稱之為「浮現」（emergence）。最後，出現的結構像是一個更高層次的系統，而其特點也不同於存在其中的代理人。

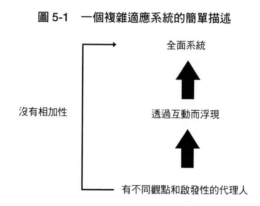

圖 5-1　一個複雜適應系統的簡單描述

想想黛博拉‧戈登的評論，即使個別的螞蟻是笨拙無能的，但整體蟻群卻是聰明的。團結力量大。由於無法根據組成分子來理解系統，促使物理學家暨諾貝爾獎得主菲利普‧安德森（Philip Anderson）草擬《數大即不同》（*More Is Different*）一文。安德森寫道：「粒子龐雜的整體行為，往往不是依據少數粒子的性質進行簡單推斷便能理解的。相反的，在每一個層級都會出現徹底不同的複雜性。」[6] 如果你想了解螞蟻群落，不要請教一隻螞蟻，牠不知道究竟是怎麼一回事。群落才是你該研究的重點。

這個問題超越了複雜適應系統高深莫測的本質。人類深切渴望了解因果關係，而這種聯結關係可能賦予人類進化的優勢。[7]在複雜適應系統中，你無法簡單藉由研究部分組成分子便理解整體。因此，在單純代理層級的成因中，試圖找出影響系統層級的方法是沒有用的。然而，我們的腦袋並不高明，只會編造出一個原因，以紓緩效應原因不明所造成的癢處。[8]當頭腦尋求因果之間的聯結，卻找錯方向時，事故便會發生。

第一個錯誤，不恰當地推斷個別行為來解釋集體行為。我在事業生涯早期便碰上這類錯誤。打從我一開始在華爾街工作，便聽說公司股價的關鍵在於每股盈餘（earnings per share）。投資者、行政主管和媒體莫不如此大張旗鼓地宣傳，但我後來看到金融經濟學家的研究，結論是現金流量（而非盈餘）驅動股價。[9]所以，究竟何者為真呢？

結果是，盈餘和現金流量陣營各用兩種非常不同的做法。盈餘陣營每天傾聽人們談論的內容，包括投資界的傳言、CNBC 播放的節目，以及《華爾街日報》報導的故事。對照之下，經濟學家則是觀察市場如何表現。前者著眼於組成部分，後者則在意整體表現。舉例來說，實驗經濟學的研究顯示，即使當個別參與者的訊息有限時，市場仍可形成非常有效的價格。就像觀察一隻蜜蜂，無助於了解蜂群的行為一樣，聽從個別投資者的觀點，也會讓你對市場缺乏深入的了解。[10]

我曾向企業執行主管解釋過無數次，市場觀點遠遠比個人的言論更有意義。透過對市場的研究，我們可了解各種決策如何影響經濟價值，這是單單傾聽部分知情人士所遠遠不及的。這不僅是一個學術界的議題：根據最近對企業執行主管的一項調查顯示，他們有 80％會為了符合盈餘目標，而放棄價值創造的投資。[11]

這種本末倒置的情形對企業執行主管而言至關重要。他們高度依賴高薪顧問不確定的指引，而不是聽從市場集體的智慧。要將這種個人觀點轉到集體心態是很困難的，特別是個人的意見更容易取得且更具說服力。[12]

令人遺憾的是，這個錯誤也出現在行為財務學

（behavioral finance）上。這個學科領域是探討心理層面在經濟決策中所扮演的角色。熱衷行為金融學的人認為，既然個體是非理性的——與古典經濟理論的主張相反——而市場是由個體組成，那麼市場必定也是非理性的。這就像是說：「我們已經研究過螞蟻，並證明牠們笨手笨腳且無能。因此，我們可以推論蟻群是笨手笨腳和無能的。」但如果數大就會有所不同（事實上確實如此），那麼這個結論就不成立。市場不理性並非來自個體的非理性。你和我都可能是過分自信的非理性人士。舉例而言，如果你是一個過度自信的買方，而我是過度自信的賣方，我們的偏見就可能會互相抵消。在面對體系的問題時，集體行為更為重要。你必須謹慎考慮分析的單位，以做出適當的決定。

▍餵食一隻麋鹿，餓死一個生態系統

當你處理的是一個環環相扣的體系時，可能會產生牽一髮而動全身這類始料未及的後果。以黃石國家公園為例。回想起來，公園的困境似乎始於十九世紀中葉，探險家在這 220 萬英畝的廣大面積上找不到足夠的食物。黃石公園在 1872 年正式指出,在過去的幾十年中已經看過太多的獵物——麋鹿、野牛、羚羊、鹿——消失在獵人和盜獵者的手中。因此,在 1886 年,美國騎兵隊入園管理,第一個任務便是重振該公園的獵物數量。

經過幾年的特別餵食和良好照顧,麋鹿數量迅速增加。事實上,數量多到過度放牧的程度,結果消耗重要的植物,並造成土壤的侵蝕。從那時開始,事件接踵而來:白楊樹因飢餓的麋鹿消耗而減少,導致海狸的數量減少。海狸建造的水壩對生態系統至關重要,因為水壩減緩了來自河流的春季逕流、阻止侵蝕,並保持水質的清潔讓鱒魚可以產卵。沒有了海狸,生態系統迅速惡化。

然而,公園管理人員沒有察覺到這項事實:麋鹿數量暴增是困境開始的癥結。事實上,在 1919 年至 1920 年之間的冬季,大約 60% 的麋鹿族群餓死或死於疾病之後,國家公園管理處不僅忽略食物缺乏的問題,反而將死亡原因錯誤歸咎於另一群黃石公園的住民:掠食者。

　　當他們取得主導權時，便著手殺害（通常是違法私下進行）狼、山獅，以及土狼。然而，他們殺得愈多，情況愈為惡化，獵物數量開始呈現不穩定的暴增、暴減情形。此結果只會鼓勵管理人員加倍努力，觸發了不正常的反饋循環。到了二十世紀中期，掠食性動物全數消滅殆盡。例如，國家公園管理處在 1926 年射殺了最後一匹狼，大約 70 年之後才又重新引入。[13]

　　事情就是這樣發生的，黃石公園的拙劣監管說明了複雜體系的**第二個錯誤：針對體系之中某個組成分子著手處理，會對整體造成意想不到的後果**。阿爾斯頓·蔡斯（Alston Chase）針對國家公園管理處的做法寫道：「他們已經扮演上帝 95 年了，而一切所作所為似乎只是讓公園狀況更加惡化。」在試圖管理這個美麗的荒野地區時，他們似乎陷入可怕的循環，每一個錯誤都使得公園每況愈下，而沒有一個錯誤是可以改正的。[14]

　　其實人們早已察覺，就算出於最大善意的動機，個體的行動還是會對體系造成意想不到的後果。[15] 但是，決策面臨的挑戰因為兩個原因而依然存在。首先，現代世界有比以前更互相聯結的系統。因此,我們會更常遇到這些系統,且更可能產生嚴重的後果。第二,我們依然憑藉對因果關係的幼稚理解,企圖在複雜的系統內解決問題。

美國政府決定允許投資銀行雷曼兄弟(Lehman Brothers)在 2008 年 9 月宣布破產,便是一個很好的例證。政府的立場是,既然市場大多數了解雷曼兄弟財務不佳的狀況,它應該可以承擔後果。但是,破產的公告打亂了全球的金融市場,因為雷曼兄弟的損失遠大於人們最初的想像,結果造成全球性風險規避大增。甚至部分被視為安全的市場(如貨幣市場基金),也起伏震盪。例如,美國貨幣市場基金(The Reserve Primary Fund,美國歷史最悠久且是規模最大的貨幣市場共同基金之一),宣布因為所持雷曼兄弟的債券變成一堆廢紙,致使自家的基金客戶血本無歸。這一消息震驚了投資者,並摧毀廣大金融體系的信心。[16]

其他領域也面臨同樣挑戰。例如,喬治城大學(Georgetown University)精神病學家莫瑞‧鮑恩(Murray Bowen),便針對精神分裂症患者的研究和治療中察覺到這個問題。[17] 早在鮑恩行醫生涯早期便涉獵各個學科領域的研究，令他對於心理健康秉持遠比當時更為廣泛的觀點。雖然標準治療完全專注於個體，但是鮑恩視病患為家庭系統網絡的一部分。鮑恩理論（Bowen Theory）提供方法，讓人們理解：個人行為是互相聯結的家庭和社會系統中的一部分。我們在西方醫學領域可以很輕易地看到類似議題，在這個領域中，誘因機制以基層保健醫師為代價（整體），產生更多的專家（部分）。[18]

▍星群比它最亮的星星來得重要

提高組織業績最快的方式是什麼？許多公司、運動團隊，以及娛樂企業選擇了相同的解決方案：聘請明星人物。乍看之下似乎是個好主意，因為有了績效快速提升的保證。然而，明星在他們的新角色中經常無法達到預期的效果。[19] 原因就在於**與系統相關的錯誤——孤立個別的表現，沒有適當考慮個體周邊的體系。**

　　坦白說，回歸平凡或許可以解釋明星人物的表現為什麼褪色。但這並不是唯一的原因。明星的表現，在某個程度上是依賴圍繞在他身旁的人、結構和規範——也就是體系。我們在分析結果時，需將個人和制度的相對貢獻加以區分，但我們對此並不擅長。當我們犯錯時，往往會誇大個體的角色。

　　這個錯誤有其原因。組織通常會以高額薪酬吸引高績效者，結果卻是大失所望。在一項研究中，來自哈佛商學院的教授（三人小組）追蹤一千多位知名證券分析師十年以上的時間，並監測他們在轉換公司時，績效有何改變。教授們最後下了令人皺眉的結論：「當一家公司聘用明星級的人物時，不僅這個明星人物的表現暴跌，與他共事的小組或團隊的運作也會急劇衰退，隨之造成公司的市場價值下跌。」[20] 招聘的公司很失望，因為它沒有考慮到前雇主提供的體系優勢，其中包括公司的聲譽和資源。雇主也低估了以往賴以成功的人脈關係、其他員工的素質，以及他們對以前作業程序的熟悉度。

　　這三個謬誤源於同樣的癥結：在一個複雜的適應系統

中，只看某個獨立的部分，無法了解整個體系的動態。有鑑於技術、社會和環境正加速變化，你肯定會愈來愈常碰到複雜的系統。

當你發現自己正在處理一個複雜的適應體系時，應該怎麼做呢？以下提供一些想法，或許能幫助你做出好的決定：

一、在正確的層次下思考體系的行為。記住這句話：「數大即不同。」人們最常見的陷阱是，根據個別代理人的行為推動，試圖藉此了解整個系統的行為。如果你想了解股市，就得在市場的水平進行研究。你從個體所看到的、和讀到的，只能視為一種娛樂，而不是該吸收的知識。同樣的，你們要知道系統外個別代理人的作用，可能會和來自系統內的作用非常不同。例如，哺乳動物的細胞無論是來自鼩鼱或大象，在體外的代謝率都是一樣的。但是，細胞的代謝率在小型哺乳動物，比在大型哺乳動物要高得多。相同結構的細胞運作的速率不同，取決於是哪一種動物的細胞。[21]

二、**留意緊耦合系統**。當各項目之間沒有任何閒置部分時，這個系統便是緊密結合的。亦即讓流程從一個階段進行到下一個階段，中間毫無任何進行干預的機會。飛機、太空任務，以及核電廠便是典型複雜的緊密耦合系統（coupled systems）。工程師嘗試內建緩衝區以避免失敗，但常常沒有預料到所有可能的突發事件。[22] 最複雜的適應系統是鬆散耦合的，其中若移除或取消一個或幾個代理人，對系統的性能影響不大。例如，倘若你隨機刪除某些投資者，股市會持續好好運作。但是，當代理人失去多樣性，僅保有協調一致性的表現方式時，複雜適應系統便會以緊密結合的方式呈現，金融市場的繁榮和崩潰就是一個例證。

三、**利用模擬打造虛擬世界**。處理複雜系統原本就很棘手，因為反饋意見模稜兩可、訊息有限、因果之間也沒有明確的聯結。模擬是一種工具，可以幫助我們學習的過程。模擬的成本低、提供反饋信息，且已在其他領域如軍事規劃和飛行員培訓證明其價值。[23]

在商業上最著名的例子也許是「啤酒遊戲」，這是由麻

省理工史隆管理學院約翰・斯特曼（John Sterman）所推
廣。遊戲板子上描繪啤酒的價值鏈，老師指派參加者扮演
零售商、批發商，或生產者的角色。在模擬的每一週，顧
客購買啤酒，而在價值鏈裡的四個團隊則企圖減少庫存和
積壓成本，同時努力確保有足夠的庫存提供給顧客。36 週
後，成本最低的團隊獲勝。

有關庫存、積壓待配訂貨和訂單，每隊都有完整的訊
息，但是對於遊戲整體究竟是怎麼回事，他們接收到的訊
息卻非常有限。就像西利的蜜蜂一樣，每隊都有很好的局
部資訊，但全面訊息卻很貧乏。

雖然遊戲的安排相當簡單，但是斯特曼表示參與者難
以理解這個系統，且往往犯下常見的錯誤。訂單和庫存起
伏很大，玩家常常感到沮喪和無助。大多數的玩家都不明
白，他們個人的決策在整體上如何影響系統。

經過一段時間觀察遊戲結果後，斯特曼寫道：「了解立
意良善、聰明的人們會如何產生無人預期、也無人希望的
結果，是這個遊戲深刻的教訓之一。」[24] 遺憾的是，儘管模

擬法可以提供這類深刻的教訓，但少有個人、組織或企業會加以運用。

將近 40 年前，系統動力學之父佛睿斯特（Jay Forrester）曾寫道：「當人們面對複雜和高度互動的系統時，在產生判斷和直覺的過程中，有條不紊的進程會引人走向錯誤的決定。」[25] 儘管我們周圍有比以往更多的複雜適應系統，但頭腦並沒有更善於理解這些系統。我們天生渴望掌握因果關係，導致我們在錯誤的水平下理解系統，造成可預見的錯誤。儘管愚蠢代理人很笨拙（一個科學家和非科學人士往往不能掌握的重點），但是複雜適應系統在系統層級上的表現卻很不錯。[26] 相反的，當個人出於善意、試圖管理系統，以達成特定目標時，卻可能因為意想不到的後果而導致失敗。因此，若你正在處理一個複雜的適應系統，可要謹慎設定系統的層級目標，接著小心進行代理人層級的變更，以達到你的目的。

處境證據

外包「夢幻客機」
如何成為波音公司的噩夢？

在尚未充分了解策略成功或失敗的條件之下，便欣然採納。外包並非在各種情況下都是有利的。

　　如果你是出生在北美洲的成年人，大約有 80％的機率，你會有一個或更多的兄弟姐妹。在家庭動態學方面，少有諸如出生順序這類得到眾多矚目的議題。人們認為，第一個誕生的孩子是嚴肅、盡責的傳統守護者；較晚出生的孩子在態度上較為順其自然、勇於冒險。每個人都知道，最小的孩子不管做什麼都能僥倖逃過處罰。出生順序在家庭裡顯然是重要的。

　　1996 年，法蘭克・薩洛威（Frank Sulloway）在其著作《天生反骨》（*Born to Rebel*）中，進一步延伸出生順序的重要性，成為一門嶄新的顯學。薩洛威認為，出生順序在人格塑造上扮演重要的角色。在一個家庭裡，孩子會根據他們的出生順序，尋求不同策略來自我區隔。第一個出生的孩子通常是雄心勃勃、思想保守且傳統；而較晚出生的孩子則較具冒險精神、討人喜歡且思想開放（亦即天生反骨）。[1] 他的研究顯示，那些較晚出生的人通常會提出且接受新的思想，而第一個出生的人則會堅持發揚和維護現狀。他聲稱，政治和科學的革命運動最有可能由較晚出生的人來領導，而第一個出生的人往往設法壓抑新的構想。

老實說，我就是較晚出生的人。

最初，傑出的科學家和評論家都欣然接受薩洛威的研究成果，這本書也非常暢銷，但接著風暴爆發了。有個團體在審閱薩洛威的方法和結論之後，質疑這項研究經不起科學的謹慎檢驗。[2] 確實，有個消息來源說他「既無法重建，也不明白」薩洛威的分析。[3] 紐約大學社會學家暨家庭動態學專家道爾頓‧康利（Dalton Conley）嗤之以鼻地說：「我一點也不認為（蘇洛威的）方法論撐得住。他做了社會科學所不允許的事，那就是選擇性地挑選證據，以支持自己主張的論點。」[4] 但薩洛威仍不屈服，聲稱批評者不了解他的理論。仔細考量這次辯論的雙方，我堅定地站在認為薩洛威的分析和結論並不完備的陣營。

「但別急，」你可能心想：「依照我的個人經驗，我可以證明出生順序真的很重要。我霸道的兄姐和／或惱人的弟妹，可不是自己憑空想像出來的！」你說得沒錯。在一個家庭內，出生順序的影響確實存在，而且這個因素的確也會塑造個人行為。年齡較大的孩子會主導和呵護弟妹，表現得好像是父母的代理人，年幼的孩子則相對得到父母較多的關注和喜愛。

那麼，我們在接受出生順序的影響確有其事的同時，怎能又懷疑薩洛威的主張呢？答案就在於考量的背景。

雖然孩子們在家中會表現出生順序的角色，但並不會將這個角色延伸至家庭以外的場所。例如，一個年紀最長的孩子，可能不會把在家裡的主導行為表現在學校的操場上。當父母或兄弟姐妹完成「自填量表」（self-report test）或評估家庭成員時，出生順序的影響清楚可見。但是，當外人（如教師或研究人員）觀察這些行為時，出生順序的影響就消失不見。兒童（實際上是各年齡層的人）在所有情況下的表現都不會一樣，他們會調整行為來反映自己的社會環境。

就在我最小的孩子開始上幼兒園的幾個月後，我和太太接到學校老師打來一通可能會引起恐慌的電話。老師擔心孩子的語言發展，因為他在學校幾乎不曾說出一個字。好消息是，他對課業和各項活動的理解還不錯；壞消息是，他總是不發一語。

　　我和太太的反應主要是關心，但不怎麼擔憂。畢竟他是我們第五個孩子，而且從小是孩子當中最多話的——毫無疑問地，部分反映他的人格特質，部分來自應付四個哥哥姐姐。在家裡，他根本就不安靜，然而一旦走進教室，他就關掉了說話的開關。幸運的是，有位老師曾在家裡見過他的情形，於是向其他老師擔保，沒錯，這個孩子會說話，而且很多話。

　　薩洛威過度延伸的地方在於，他認為在家的行為會塑造每個地方的行為。然而事實並不支持這樣的主張。更具體地說，研究不斷顯示，出生順序對人格特質的影響很少或是根本沒有。瑞士心理學家塞西爾‧恩斯特（Cécile Ernst）和朱爾斯‧昂斯特（Jules Angst）針對出生順序與人格特質進行最全面的研究，並斬釘截鐵地做出結論，主張出生順序和家庭規模對人格特質並沒有重大的影響。最近有三位社會學家共同發表一篇論文《天生反骨誰之過：出生順序和社會態度》（*Rebel Without a Cause or Effect: Birth Order and Social Attitudes*），表示薩洛威的主張幾乎沒有（或根本沒有）立論的依據。[5]

　　這個爭論的教訓便是：了解背景的重要性。人們往往會試圖將某個情況的教訓或經驗套用到另一個不同的情況下。但這樣的策略往往是錯誤的，因為，在某種情境下有效的決策，換到另一個情境之下通常都會慘敗。專業人士面臨的問題當中，大多數的正確答案都是：「這得視情況而定。」

▌理論建構

　　無論是自知或不自覺，人們都會根據理論做出抉擇——以為特定的行動會導向令人滿意的結果。大多數專業人士都擔心「理論」這個詞，因為會讓他們聯想到不切實際的事物。但是，如果你把「理論」定義為因果關係的一種解釋，它就非常實用。健全的理論有助於預測在各種情況下，某些決定會導致什麼樣的結果。

　　同為管理學教授的保羅・卡萊爾（Paul Carlile）和克雷頓・克里斯汀生（Clayton Christensen），描述理論建構過程的三個階段。[6]

- 第一階段是觀察。其中包括仔細衡量某種現象，並記錄結果。目標是制定共同標準，讓後續研究人員可針對該主題（或術語）的描述達成共識。
- 第二階段是分類，在此階段，研究人員將這個世界大大小小的事情進行簡化、整合，以及分類，以釐清各種現象之間的差異。在理論發展初期，這些類別主要是根據屬性來區分。
- 最後階段是定義，或描述類別和結果之間的關係。通常，這些關係始於簡單的相關性。

當研究人員根據真實的數據檢驗預測的結果、找出異常現象，並接著重塑理論時，理論便會得到改善。在這個精進過程中，將出現兩大進展。在分類階段，研究人員會推演類別以反映情況，而不僅只是根據屬性而已。換句話說，重點不再是哪些類別可以奏效，而是奏效的時間。在定義階段，理論發展超出簡單的相關性，並精確到足以定義原因——它為什麼會造成影響。這兩項進步使人們超越原本的屬性分類習慣，並調整選擇，以因應他們所面對的情勢。

　　卡萊爾和克里斯汀生以載人飛行的發展歷史為例。早期，渴望飛行的人研究會飛的動物，發現牠們幾乎都有翅膀和羽毛（觀察和分類階段）。雖然有一些異常值存在，如鴕鳥和蝙蝠，但有羽毛的翅膀和飛行之間的相關性非常高（定義階段）。因此，早期飛行員製作翅膀，附上羽毛，爬上高處，跳躍、擺動、然後墜毀。墜毀在該理論是一種異常現象，因而迫使理論建構者重回藍圖繪製階段。

　　1700 年代，拜丹尼爾・柏努利（Daniel Bernoulli）的流體動力學研究之賜，發現了「翼型」（airfoil）。它是以在機翼上方產生低於機翼下方的氣壓來形成拉力。與其說是跟飛行相關，倒不如說是柏努利定理界定了飛行的成因（改進分類和定義階段）。翼型產生了新的飛行方法，當萊特兄弟（Wright brothers）將這個新理論與實際的材料、穩定性、轉向裝置，以及推動器結合，飛行時代就此誕生。

　　當今許多的管理理論看起來更像是黏著羽毛的翅膀，而不是翼型。顧問、研究人員、實務工作者經常觀察一些成功案例，在它們之間尋求共同屬性，並宣稱這些屬性也會為他人帶來成功。但這完全是行不通的。在任何時候，當你看到「成功的關鍵」或「致勝公式」時，都應該高度存疑。

▌ 一場外包惡夢

在過去的幾十年中，許多商業顧問和公司都鼓吹將公司的內部業務承包給外部公司的優點。外包也許可以讓企業在競爭的世界裡，達到降低成本、資本密集度和理想的目標。此外，許多已經外包的組織，包括蘋果（Apple）和戴爾（Dell），都已享有很好的業務和財務上的成功。外包和良好結果之間的相關性似乎是很清楚的。

波音公司是世界上最大的飛機製造商，長期以來一直和外部供應商合作。習慣上，波音公司的工程師設計一架飛機，然後將詳細的藍圖送交給供應商，他們稱此系統為「建造到印刷」（build-to-print）。這個程序讓波音公司得以降低整體成本，同時也能控制關鍵的設計和工程功能。但最新型的七八七夢幻客機，波音公司選擇讓供應商設計和建造飛機的零件，公司內部的技術人員只負責最後的組裝。公司希望七八七客機上市所需時間能減少兩年，並且設想在三天之內就完成組裝，這是相同規模的飛機正常組裝時間的十分之一。

　　結果整個計畫簡直是一場災難。儘管七八七客機是幾乎有 900 筆訂單的最暢銷品，但是當計畫遠遠比預期進度落後一年時，這架飛機的上市勢必一再推延。它的問題是，供應商無法交付功能齊全的飛機零件給波音做最後的組裝。雖然波音公司設計了生產系統來整合 1200 個組件，但第一架飛機就高達 3000 個部件，當最後必須把設計工作拉回到公司內部時，公司損失了大量的時間和金錢。[7]

　　波音公司七八七客機的問題反映出**第一個決策錯誤：在尚未充分了解策略成功或失敗的條件之下，便欣然採納**。外包並非在各種情況下都是有利的。舉例來說，對於需要不同子組件整合的複雜產品，外包便是沒有意義的。原因是協調成本高，因此光是產品運作本身都是一項艱鉅的任務。想想 IBM 公司在早期的個人電腦產業，幾乎所有組件都是在內部製造，以確保相容性。在這個階段，垂直整合的業務運作得最好。

對於子組件是模組的產業，外包確實有其道理。在這些情況下，子組件的性能清楚界定，而最後的組裝簡單易懂。如今，你可用標準化模組建造自己的個人電腦。一旦產業界定了模組，此時讓供應商專門製造組件，而不是試圖自行製造所有的組件，如此會比較合理。像戴爾電腦這樣的組裝廠商就可以專注於設計、行銷和經銷的工作。

在七八七客機之前，波音公司已經掌控飛機的設計和工程流程，確保組件的相容性和最後組裝的平順度。但是，由於公司把設計和工程轉給供應商，波音七八七計畫就成為人們探討何時需要避免工程外包的研究案例。波音公司被外包所吸引，就像在分類時只圍於屬性，卻未能充分認清，在哪一種情況下才會奏效。[8]

▌ 策略遊戲

　　我有時會跟孩子玩上校賽局（Colonel Blotto，一種戰略遊戲），來化解他們的爭吵——好比說誰可以先走、誰要坐在哪裡。我們採用一個簡單的版本，每位玩家得到 100名士兵（資源），分布在三個戰場（範圍）上。玩家各自寫下他們的戰場配置，然後公開比較結果。每一個戰場上有最多士兵的玩家將贏得這場戰役，而獲勝總數最多的玩家是優勝者。表 6-1 提供我家一個真實遊戲的範例。雖然在這個遊戲的版本裡，有幾個非常糟糕的策略（例如：100，0，0），但是遊戲結果大部分是隨機的——很像是剪刀、石頭、布的遊戲。[9] 上校賽局適用於軍事戰略家、政治家、營銷人員和體育團隊的經理人。[10]

表 6-1　上校賽局遊戲結果

	戰場 1	戰場 2	戰場 3
安德魯（Andrew）	5	65	30
艾力克斯（Alex）	48	2	50
獲勝者	艾力克斯	安德魯	艾力克斯

　　上校賽局是有用的，因為透過改變遊戲的兩個主要參數，給一名玩家更多的資源或改變戰場的數量，你可以洞悉戰役的可能贏家。它顯示出處於劣勢者何時反敗為勝的機會最大、為什麼有時沒有任何一個團隊稱得上「最好」，以及改變參數如何影響這些結果。簡單來說，這個遊戲讓我們理解先前所說的第二個錯誤決定——未能適當考慮競爭的背景環境。在上校賽局的遊戲中，你可以把資源想成一種屬性，而所處層面則可視為一種情況。我們可透過這個遊戲，了解怎樣評估各種屬性以及情況組合之下的結果。

　　讓我們更仔細看看，當改變參數時會發生什麼事。首先，我們可給其中一名玩家多於其他人的點數，藉以提高資源的不對稱性，讓一方有效獲得更大的獲勝優勢。實力較強的玩家獲勝的次數愈多，這應該是不足為奇的。無法直覺看穿的是，額外授與的積分會給多大的優勢。在三個戰場的遊戲中，比別人多 25％ 資源的玩家享有 60％ 的預期收益（玩家戰勝的比例），而有兩倍資源的玩家則享有 78％ 的預期收益。因此，即使在資源相當不對稱的比賽中，若干隨機性是存在的，但資源豐富的一方還是擁有決定性的優勢。此外，在層面數不多的情況下，遊戲多半是有可遞移性的（transitive）：如果甲方可以打敗乙方，而乙方可以打敗丙方，那麼甲方就可以打敗丙方。上校賽局幫助我們了解層面數較低的比賽（如網球）。

然而，要全盤了解收益，我們必須提出第二個參數，那就是層面或戰場的數量。遊戲的層面愈高，結果愈無法確定（除非玩家有相同的資源）。例如，一個蹩腳玩家在15層面遊戲中的預期收益，幾乎是在9層面遊戲的三倍。[11] 基於這個原因，高層面遊戲的結果比低層面的遊戲更難預測，因此會爆出更多冷門。棒球便是高層面遊戲的一個好例子，雖然比較好的球隊具有優勢，但是結果受到太多的隨機性影響。要在162場季賽中贏得60％的場次，幾乎才能保證取得季後賽的資格；年復一年都是如此。[12] 比起低層面遊戲，在高層面遊戲中的決策制定和結果評估都明顯不同。

上校賽局遊戲除了在不對稱、低層面的情況之外，也是高度不可遞移的。[13] 基於這個原因，錦標賽往往無法凸

顯出最好的球隊。密西根大學社會學家史考特・佩吉
（Scott Page）以一個簡單的例子說明這一點（見表 6-2）。
在這個案例中，選手甲打贏選手乙，選手乙打贏選手丙，
選手丙打贏選手甲，而所有三位選手都打贏選手丁。所
以，如果這些選手都進入錦標賽，那麼在第一回合抽到丁
的選手就贏得這一切。沒有所謂的最佳選手，對冠軍更精
確的描述是「那個可以先和丁對決的選手」。這聽起來不
是那麼悅耳，但很正確。[14]

表 6-2　上校賽局遊戲的不可遞移性

	戰場 1	戰場 2	戰場 3
玩家甲	40	20	40
玩家乙	35	40	25
玩家丙	20	35	45
玩家丁	33	33	34

資料來源：Scott E. Page, The Difference (Princeton, NJ: Princeton University Press, 2007)。經出版商許可轉載。

　　圖 6-1 總結了上校賽局遊戲的研究心得。如果是在低
層面的遊戲中，較強的玩家對抗較弱的玩家時，大多數的

戰役都會獲勝。若玩家實力旗鼓相當,當遊戲層面增加時,由於玩家冒險將過多資源投注於某幾個戰場上,使得許多戰場毫無資源可用,因此次優戰略的數量會隨之增加。但層面數量的增加也削弱了高資源玩家的相對強勢。如同軍事戰略家多年來所熟知的,增加戰鬥場地的數量往往有助於弱勢的一方,正因如此,棒球會比網球出現更多爆冷門的情形。從上校賽局遊戲中學到的最重要教訓,或許是你必須謹慎評估決策和結果。由於不可遞移性和隨機性,資源的屬性在多層面的情況下並不會佔有絕對優勢。在複雜的遊戲裡,實力最強的人不一定會贏。

圖 6-1　高層面競賽增加結果的不確定性

資源 不對稱		判定結果 ・最佳選手通常獲勝 ・大部分有可遞移性	準判定結果 ・最佳選手較少優勢 ・不可遞移性
	高	判定結果 ・最佳選手通常獲勝 ・大部分有可遞移性	準判定結果 ・最佳選手較少優勢 ・不可遞移性
	低	隨機結果 ・較少次優策略 ・不可遞移性	隨機結果 ・較多次優策略 ・不可遞移性
		低	高
		層面	

▌相關性和因果關係

股市預言家們一直在尋找可靠的方法來預測市場的走向。其中一個最受喜愛的是超級盃（Super Bowl）指標，總是在美式足球季冠軍賽後廣受討論。指標很簡單：當國家美式足球聯會（National Football Conference, NFC）的球隊獲勝時，股市上漲；而當美國美式足球聯會（American Football Conference, AFC）贏球，股市下跌。超級盃冠軍從1967年至2008年，已經有80％的時間正確預測股市走向。另一個指標則是大衛・林韋伯（David Leinweber）的分析，顯示孟加拉的奶油生產和標準普爾的五百種股票指數（1981年至1993年）之間，有75％的相關性。林韋伯採用了範圍廣泛的數據，很高興地發現「一個簡單的乳製品」可以解釋這麼多事情。[15]

林韋伯用上述可笑的例子來說明一個嚴肅的論點：未能區分相關性和因果關係。當研究人員觀察兩個變數之間的相關性，並假設是一方導致另一方的出現時，問題便會產生。一旦你注意到這個錯誤，就會發現這個問題隨處可見、可聞——尤其是在媒體上，如：素食主義者的智商比較高、夜燈會導致近視、電視看太多的孩子往往過胖。

許多不同領域的學者已經研究過因果關係，而大多數都認為，必須具備三個條件才能聲稱甲導致乙的出現。[16] 首先，甲必須比乙先發生。其次，甲和乙之間是一種函數關係，包括原因和結果呈現兩個或多個數值的必要條件。例如，「吸煙導致肺癌」的宣言，認為吸煙（相對於不吸煙）會增加罹患肺癌的機率。因此，科學家必須考慮變數之間的所有關係：這個人是否吸煙（是或不是），以及這個人是否罹患癌症（是或不是），而你也必須考慮這是否只是偶然事件。

最後一個條件是，為了讓甲導致乙的發生，就不能存在一個會導致甲和乙發生的丙因子。例如，看太多電視可能與肥胖相關，但是，低社經地位也可以解釋看電視和體重問題的原因。[17]

你必須對「相關性－因果關係」的錯誤提高警覺。我們喜歡建立明確的因果關係，但這樣的事實只會更添挑戰性。當你聽說有某種因果關聯時，請仔細檢驗上述三個條件，看看該項聲明是否成立。你很可能會訝異地發現，足以確立因果關係的情形如此罕見。

我堅持自己的方式行事（然後死去）

研究格陵蘭古挪威居民的科學家，在東部殖民區內發現了一個 25 歲男子的頭骨。放射性碳技術顯示，該頭骨屬於公元 1300 年左右，大約是古挪威人首次登陸格陵蘭海岸的 400 年後。由於他們的習俗是將死者埋葬，依據該男子的屍體位置，顯示他應該是那個地區裡最後一批古挪威居民中的一個。格陵蘭古挪威社會經過四個世紀艱難的生活之後瓦解，讓人不禁納悶，這個社會怎能倖存這麼長的時間。

我們本章的最後決策錯誤──在知道改變有其必要後，還是不知變通──有助於解釋古挪威的消亡。賈德・戴蒙（Jared Diamond）在其著作《大崩壞》（Collapse）中描述這群人的苦難和最終失敗的精彩故事。撇開細節不

181

說，古挪威人在以下兩個重要方面確實不知變通。[18]

首先，古挪威人試圖延續他們在挪威和冰島的生活方式。由於他們頑固地將家鄉有效的方式，套用在移居的土地上，因此很快就耗盡了格陵蘭僅有的環境資源。他們砍伐太多的樹木（有限的燃料和建築材料）、剝奪草皮來蓋房子（留給牲畜太少的食物，並造成腐蝕），而且允許過度放牧（破壞該地區的植物群）。回想起來，這是沒有意義的肆虐，但它符合了古挪威人對自我形象的認知和經驗。

其次，古挪威人似乎不向當地的因紐特人（Inuit）學習，這很可能反映了他們身為歐洲基督徒的態度。古挪威人鄙視因紐特人，且與他們多數保持對立的關係。儘管因紐特人發展出聰明的方法，能在格陵蘭貧瘠的環境中尋找食物，但古挪威人並沒有起而仿效。如同戴蒙所指出的：「古挪威人在食物可以充分運用的環境中餓死。」他們不會像因紐特人一樣捕魚、捕鯨，以及獵殺環斑海豹為生。這個社會在另外一個不同環境之下曾經受用的價值觀，如今卻形成令人難以理解的僵化態度。在這樣不知變通的僵化之下，古挪威人於是永遠作古了。

雖然格陵蘭古挪威人的故事看起來像是歷史上罕見而有趣的事件，但是現代的企業組織還是會犯同樣的錯誤。當世界改變時，他們依然延續過去的做法，並拒絕接受其他組織的最佳實踐（best practices）〔通常稱作「NH 症候群」（not invented here syndrome，編注：意指對自我創新的能力頗為自負，拒絕採用他人的技術）〕。隨著環境改變決策制定，此一過程是項大挑戰，也可能造成心理負擔。

以下建議可確保你在制定決策時，學會如何正確考慮所處環境：

一、反省決策制定所依據的理論是否符合條件。人們往往試圖根據先前的經驗推斷出成功的選擇，然後套用在新的情境中，失敗的結果可想而知。另外一種有瑕疵的研究方式也很常見，便是根據運作得很好的組織，歸納出共同的成功屬性，並將這些屬性做為致勝的一般處方。這兩種錯誤都沒有妥善全盤考慮背景情況。

前英特爾（Intel）員工湯瑪士‧瑟斯頓（Thomas Thurston）在 2006 年完成的研究工作可說是一個正面的例

子。他沉浸於破壞性創新的理論中——這是根據背景情況的做法——回顧英特爾新業務集團將近 50 個已資助的商業計畫。他運用理論,在對結果毫無所悉之下,對於成功和失敗的預測可以達到 85％的統計顯著性。[19] 此外,他能夠找出一些企業之所以失敗的原因。瑟斯頓接著與克萊頓、克里斯汀生攜手將這個理論傳授給商學院學生。起初,學生對於贏家和輸家的分類近乎隨機,但在學期結束時,學生區分的準確率已經超過 80％。如此的進展顯示了這項理論的價值,以及學生可以汲取教訓和提高效能。

二、**小心相關性和因果關係的陷阱**。人們天生渴望為因果建立聯結,而且不惜編造出原因來解釋所見到的結果。這會使得觀察產生相關性的風險——這些相關性往往是碰巧的結果——以及將這些相關性假設為因果關係的風險。因此,當你聽說有某種相關性時,務必要考慮三個條件:時間的先後順序、關係,以及沒有額外因素導致另外兩個相關性的出現。

三、**以改變的條件來平衡簡單的法則**。演進為情境思維提供強而有力的論據。在演進中,一個個體生存和繁殖的能力不只是反映具體的屬性，如大小、顏色或強度。更確切地說，生存和繁殖的遺傳特性會隨情況而調整。一個決策制定的方法——尤其是在變化迅速的環境之中——會以目前主要的狀況，和少數簡單但明確的法則加以調和。例如，優先法則讓管理人員將辨識到的機會加以排序，或告訴他們什麼時候應該退出某個業務。當管理人員意識到條件改變時，這些法則讓他們確實堅持某些核心理念，而且兼具必要的靈活度以便正確做出決定。[20]

四、在多層面的領域，沒有「最佳」做法。雖然許多人，尤其是西方人，都渴望能確定，究竟哪一個組織是最好的，但是在高層面的領域中，為勝利者加冕是沒有意義的。上校賽局遊戲的其中一個主要教訓是，在大多數情況下，致勝戰略不具可遞移性：所有玩家都有強項和弱點，沒有任何個別玩家會在所有參賽者中佔盡優勢。此外，遊戲顯示，一個賽前不被看好的玩家，當採取正確的戰略時，可以痛宰最有希望的獲勝者。

在 2002 年的超級盃中，新英格蘭愛國者隊（New England Patriots）對上了聖路易斯公羊隊（St. Louis

Rams）。當兩隊在平常的季賽相遇時，公羊隊已經打敗了愛國者隊，並且是最有希望奪魁的球隊。但是，為了超級盃，愛國者隊徹底改變戰術。不再像上一場比賽緊盯四分衛科特・華納（Kurt Warner）不放，愛國者隊改為把焦點放在阻擋跑衛馬歇爾・佛克（Marshall Faulk）。他們察覺到公羊隊的進攻依賴的是時機和節奏，而關鍵在於佛克，不是華納。

這個戰術極為成功，使得原本機會渺茫的愛國者隊獲勝。最受足球界尊崇的評論家之一榮恩・賈沃斯基（Ron Jaworski）更因此宣稱，這是「我這輩子見過最高明的教戰任務」。當然，愛國者隊分配大量資源在一場戰役上，會讓他們在其他比賽中存在失敗的可能性。這個戰術需要愛國者隊在近乎四分之三的時間內，運用五個以上的防守後衛。由於後衛體型小於其他防守球員，因此愛國者隊變得很容易被制伏。無論如何，公羊隊主教練選擇不帶球衝鋒，決意「以我的方式贏球」，讓懇求的球員相當沮喪。[21]喔！對了，2002 年股市下跌──愛國者隊隸屬美國美式足球聯隊──為超級盃指標再添上一筆有利的數據。

　　我們大多數人都會希望充分發揮本身有利經驗的力量，在接下來碰到的情況裡採取相同的方法。我們也渴望有個成功的公式——使我們致富的關鍵步驟。有時候，我們的經驗和祕方奏效，但它們更常讓我們失望。原因通常歸結於這個簡單的事實：我們賴以做出決策的理論是基於屬性，而不是情況。對我們而言，基於屬性的理論自然而生，且往往顯得非常有說服力，就如同我們在出生順序討論中所看到的一樣。然而，一旦你知道大多數問題的答案是：「這得視情況而定。」時，你已準備好開始著手搜尋，以釐清它究竟是取決於什麼因素。

臨界點

請注意
「最後一根稻草」

在2000年12月，奧雅納的工程師招募在橋上行走的志願者，以確定在哪一種程度下會產生不安全的搖擺。他們的測試顯示，可以容許156人走在橋上，而幾乎沒有影響。但是，只要多增加10人，就會造成振幅的巨大變化。

在 2000 年的一個晴朗日子裡，英國女王以號角聲為千禧橋舉行落成儀式。這是倫敦自 1894 年以來第一座跨越泰晤士河的新橋樑，連接了城市與聖保羅大教堂。北邊是泰特現代美術館，南邊則是環球劇場。從 200 多件全球競賽的參賽作品中脫穎而出，這項得獎設計清新且現代，並推進了藝術、建築和工程的界限。這座橋的建築師是諾曼・佛斯特（Norman Foster），他的設計目標是，讓行人享受「在光刃中行走於水上」的震撼感。[1]

佛斯特和奧雅納（Arup）工程公司及雕塑家安東尼・卡羅（Anthony Caro）共同合作這項計畫，他們企圖建造一座特別平坦和光滑的橋樑，長度有 325 公尺，但只有少數的鋼索垂掛。在花費了將近二千萬英鎊之後，建橋團隊似乎已經將嚴格的工程要求融入美麗的建築設計。這座橋符合所有國際橋樑的標準，不僅依照規格建造，而且奧雅納進行的所有施工計算都正確無誤。

橋樑對外開放的 6 月 10 日，有 10 萬人現身，遠遠超過官員預期。當天早上開放之前的步行，當時有零零星星的人行走於橋上，開始出現了問題的第一個跡象。奧雅納有個工程師注意到橋身有些晃動的情形，但當人數減少後，橋就安定下來了。這座橋在午餐時間正式對外開放，人群從兩端蜂擁而上。很快地，這座橋開始左右搖晃，盪幅達 7 公分之多，使得不知情的行人腳步也跟著放寬。當場的影像看起來彷彿是一群企鵝緩慢艱鉅地向前進。

當然，橋樑建造者十分清楚人群的力量，你可能聽說過行進的軍隊在過橋時亂了步伐。垂直運動在工程上是備受關注的問題，但千禧橋的問題是橫向運動。有位過橋者描述這個不尋常的不穩定感，「有點像是在船上一樣」（見圖 7-1）。儘管結構安全無虞，橋樑在宣告開放的短短 2 天

圖 7-1　千禧橋在開放日時左右搖擺

資料來源：Getty Images

之後關閉,進行翻新改進,這使得全體計畫團隊和倫敦市
艦尬萬分。[2]

在橋樑修復期間,工人們搭建臨時出入口,並釘上寫
著「橋樑關閉」的標誌。在標誌處附近,一名路人倉促寫
下:「為什麼?」[3]

▌當正面反饋佔上風

反饋可以是負面或正面的,在很多體系內,你會看到
這兩者呈現穩健的平衡狀態。負面反饋是一個穩定因素,
正面反饋則是促進變革。但任何一種類型的反饋過多,會
使得系統失去平衡。

套利是市場上典型的負面反饋例子。舉例來說,如果
倫敦的黃金價格些微高過在紐約的價格,套利者會買進紐
約黃金,並賣出倫敦黃金,直到異常的價格差距消失為
止。一個更常見的例子是你的自動調溫器,它可以監測到
你設定的溫度出現偏差,並且發送指令讓溫度回到你希望

的標準之間。負面反饋會逆向推進、抗拒改變。

正面反饋會順勢而為，強化最初的改變。想像逃避掠食者的魚群或鳥群，牠們一致性地移動以免受到威脅。我們也在潮流和時尚的工作中看到正面的反饋，在這些領域的人們會彼此模仿。正面反饋可以用來解釋寵物石頭（Pet Rocks）、瑪卡蓮娜（Macarena），以及神奇寶貝卡（Pokémon）引起的風潮。

本章的重點是相變（phase transitions，編注：不同相之間的轉變），這是指成因方面逐漸出現小小的變化，隨之引發大規模的影響。物理學家兼作家菲利浦・鮑爾（Philip Ball）稱此為「臨界點」（grand ah-whoom）。[4] 把一盤水放到冰箱裡，溫度降至結凍的門檻，水一直維持在液體狀態，直到變成了冰。只是溫度的一個小小變化，水便從液體變成固體。

在許多複雜的系統中，當組成部分的交互作用形成整體行為時，就是發生這種「臨界點」的現象。你可以在物理世界中，包括水分子與鐵原子，找到很多這類系統。但這些想法也適用於社會，即使這些法則並不像它們在物理世界中定義得那般明確。從證券交易行為、乃至暢銷歌曲的流行，都是這樣的例子。

明確地說，所有這些系統中的因果關係，在大多數時候是成比例的。但它們發生相變時，也有臨界點或門檻。你可以把這些臨界點視為某種反饋形式超越另一種形式而產生。當你沒有預期它的到來時，保證會讓你大吃一驚。[5]

讓我們利用相變的觀念，來回答塗鴉在千禧橋標誌上的問題。當你行走時，你的重量會施加少量的橫向力。這些個別的力量，通常在一群人走過硬橋時抵消掉了，這是一種負面反饋。然而，千禧橋最初沒有足夠的橫向減震器，以容許一定數量的人在橋上時的小小晃動。那樣的搖晃迫使人們將腳步放寬，以調整步伐，而步伐放寬則導致橫向力和搖擺更加嚴重。正面反饋造成搖晃，且同時出現人群步伐同速的行為。[6]

重要的觀點是臨界點的存在。在 2000 年 12 月，奧雅納的工程師招募在橋上行走的志願者，以確定在哪一種程

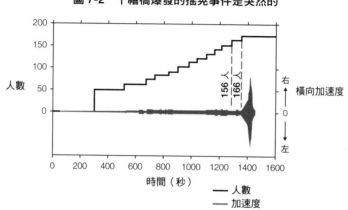

圖 7-2　千禧橋爆發的搖晃事件是突然的

來源：http://www.arup.com/MillenniumBridge/

度下會產生不安全的搖擺。他們的測試顯示，可以容許 156
人走在橋上，而幾乎沒有影響（見圖 7-2）。但是，只要多
增加 10 人，就會造成振幅的巨大變化，正面反饋開始生效
（見圖 7-2 右坐標軸）。就第一批過橋的 156 人而言，幾乎
沒有晃動或任何潛在危險感，即使橋樑是處在相變的交會
點上。

　　這說明為什麼臨界點對於適當的逆向思考如此重要：
考慮可能出現什麼情況。[7] 對於每一個你確實遇到的相變，

有多少次是千鈞一髮的情形？你可以想像以 50 人、100
人、甚至 150 人來測試橋樑，而有害的搖晃在你的意識之
外正埋伏以待。大規模的結果是由於系統的內部運作——
人們的行走——而非來自某些外部衝擊，但風險是真實
的。我把這稱作無形的漏洞。

▌ 臨界點、黑天鵝

　　大量現象（包括人類高度和運動成果）的結果不會偏
離平均值太遠。以高度為例，在紀錄中最高的人類是 272
公分，而最矮的是 57 公分，大約是五比一的差距。約有
95％的人與平均身高的差距不會超過 15 公分。高度有一個
狹窄的範圍及可預測的結果。

　　但也有分布嚴重傾斜的系統，平均概念對這類系統毫
無意義。描述這些分布，更好的方式是採用冪次法則
（power law），它說明有些結果確實非常巨大（或有大規模
的影響），而大多數的觀察則是不重要的。以城市的大小
為例，紐約市是美國最大的城市（約有 800 萬居民），而

最小的城鎮大約有 50 人。因此，最大和最小的比例超過十五萬比一。其他的社會現象，如書籍或電影的銷售量，也顯示出如此極端的差異。城市規模跟人類的高度相較之下，結果的範圍要更廣泛得多。[8]

作家納西姆・塔雷伯（Nassim Taleb）將這種在冪次法則分布之內的極端結果稱為「黑天鵝」。他把黑天鵝定義為影響重大、而人類企圖事後諸葛來解釋的異常事件。[9] 歸功於塔雷伯的努力，愈來愈多人注意到黑天鵝，以及從鐘形曲線而來的分布偏離，但大多數人仍然不明白的是：傳播黑天鵝的機制。

以下是臨界點和相變發生作用之處。正面反饋導致的結果是異常值，而臨界點有助於解釋我們為什麼在黑天鵝事件之後總是感到意外的原因，因為我們很難理解，一個小小的增量擾動怎能導致如此重大的結果。我們根本無法預期它們的到來，因為它們已經超出我們的意料之外。

在社會系統中，隱藏在這些臨界點背後的究竟是什麼？答案之一是群眾智慧。[10] 當三個條件勝出時——多樣化、聚合和激勵，群眾往往可以做出準確的預測。多樣化是人們對於事情有不同的想法和意見；聚合意味著你可以把團體的信息整合在一起；激勵則是獎賞正確及處罰錯誤，它往往是（但不一定是）以金錢的形式出現。

有鑑於大量的心理學和社會學研究，當牽涉到人時，多樣化是最有可能失敗的條件。但重要的是，群眾是不會逐漸從聰明變為愚蠢的。當你慢慢消除多樣化時，最初是沒有任何反應的，而額外的削減可能也沒有任何效果。但在特定的臨界點上，一個小小的增量會導致系統定性的改變。

布蘭戴斯大學（Brandeis University）經濟學家布萊克・李芭倫（Blake LeBaron）利用代理人為根基的模式，為證券市場證明了這個觀點。李芭倫的模型在電腦裡虛擬了 1,000 個投資者（而非真正的投資者），給他們金錢、投資組合分配的指導方針，以及不同的交易規則，然後讓他們放手去做。

他的模型能夠複製許多我們在現實世界中看到的實證

特質，包括繁榮和崩潰的週期。但是，也許他最重要的發
現是，甚至在多樣化的決策規則失敗時，股票價格仍可以
持續上升。看不見的漏洞增加了，但是接著，隨著多樣化
的再次上升，股價應聲下跌。李芭倫寫道：「在崩潰的前
期，總體多樣化下降。當他們共同的良好表現得到加強
時，代理人開始使用非常類似的交易策略。這使得總體非
常脆弱，因為小小的股份需求減少，可能會對市場造成強
大的破壞性影響。」[11]

▍ 火雞困境

相變的出現引發幾個常見的決策失誤，第一個是歸納
的問題，或者是你應該如何合理地從具體觀察到一般結論。
儘管從塞克斯都．恩比利克斯（Sextus Empiricus）到大衛．
休謨（David Hume）的哲學家們，幾百年來已經警告我們，
不要從外在所見直接推論，但不這樣做是很困難的。

為了說明這個問題，塔雷伯重述伯特蘭．羅素
（Bertrand Russell）一隻連續被餵養 1,000 天的火雞故事。

（其實羅素原本談論的是雞，塔雷伯為美國大眾改成了火雞。）[12] 這樣的餵食強化了火雞的安全感和幸福感，直到感恩節前一天一個意外事件的發生。火雞的所有經驗和反饋都是正面的，直到命運逆轉。

與火雞困境相當的情況——在繁榮期之後的大幅虧損——在企業中已發生了許多次。例如，從 2007 年至 2008 年，美林證券〔Merrill Lynch，被美國銀行（Bank of America）所收購〕超過 2 年的期間蒙受損失，已經超過它過去 36 年來，做為一間上市公司所累積利潤的三分之一。[13] 處理一個由冪次法則所控制的系統，就像是農民在餵養我們的同時，他的背後拿著一把斧頭一樣。如果你堅持的時間夠長，斧頭將掉下來。但問題不在於會不會，而是何時。

「黑天鵝」一詞反映了哲學家卡爾・波柏（Karl Popper）對歸納的批判。他認為看到大量的白天鵝，並不能證明「所有天鵝都是白色的」理論，但看到一隻黑天鵝就足以證明理論是錯誤的。因此，波柏的觀點是，要了解一個現象，我們最好把重點放在證明它是錯的，而不是去證實它。但是，我們並不會自然傾向於驗證事情的錯誤。

　　心理學家卡爾・鄧克爾（Karl Duncker）觀察到，當人們以特定方式使用或思考事情時，就很難以新的方式思考。在一個典型的實驗中，鄧克爾給實驗對象一根蠟燭、一盒大頭針，和一包火柴。然後，他要求他們將蠟燭固定在牆上，好讓它不會滴在下面的桌子上。祕訣是利用大頭針的盒子做為平台，這是大多數參與者都不會想到的方法。鄧克爾認為，人們只專注於物品的一般功能，而無法以不同的方式將之概念化。人們往往堅持既定的觀點，鮮少考慮替代方案。

　　重複出現且良好的結果提供我們確定的證據，證明我們的策略是有用的，而且一切都令人滿意。這種幻象誘使我們進入毫無根據的自信感，使我們陷入（通常是負面的）意想不到的情況。事實上，相變伴隨而來的突然變化，只是增加了混亂。

　　在處理複雜系統時，我們還會犯下另一個錯誤——心理學家所謂的還原偏見，「人們在看待、解釋複雜的情況和主題時，傾向解讀得比實際情況簡單，因而導致誤解。」[14] 當人必須對一個有關複雜和非線性系統的問題做出決定時，每個人往往都會回歸簡單的線性系統進行思考。我們的頭腦自然傾向回答相關、但比較簡單的問題，而後果常常是要付出昂貴的代價。

財務管理為這種偏見提供一個很好的例子，儘管早在 1920 年代的實證研究就顯示，資產價格的變化並非遵循正常的鐘形分布，但是經濟理論仍然依賴此一假設。如果你曾經聽到金融專家在談及股票市場時，使用如 α、β，或標準差等術語，你看到的是還原偏見的行動。多數經濟學家使用更簡單的（但是錯誤的）價格變化分布來描述市場。許多引人注目的金融衝擊，包括長期資本管理公司，都呈現這種偏見的危險。[15]

法國數學家暨碎形幾何學之父貝諾·曼德伯（Benoit Mandelbrot），是最早和最強烈批判使用常態分布來解釋資產價格如何波動的人之一。[16] 他在 1964 年出版的《股票市場價格的隨機特性》（*The Random Character of Stock Market Prices*），其中一個章節引起了軒然大波，因為它表明資產價格的變化遠遠高過先前模型的假設。麻省理工學院經濟學家暨該書的編輯保羅·庫特納（Paul Cootner），對於曼德伯的論據並不信服。「如果（曼德伯）是正確的，」他寫道：「我們所有的統計工具差不多都已經過時了。而幾乎毫無例外的，過去的計量經濟工作成果是沒有意義的。」[17]

但是庫特納可以高枕無憂，因為曼德伯的想法從來沒有進入主流經濟學。美國聖母大學（Notre Dame）歷史學家暨經濟思想哲學家菲利普・米羅斯基（Philip Mirowski）寫道：「簡單的歷史事實是，（曼德伯的經濟思想）大體上已經被忽略了，有一些少數的例外……隨後似乎已經被它們的作者放棄了。」[18]

幾年前，我去參加一個位於紐約市的晚宴，包括曼德伯也在場。我到得晚，只看到兩個座位空著。曼德伯在我之後不久抵達，他解釋遲到的原因是那位被他解雇的不稱職司機。曼德伯隨後俯身問道：「你介意載我回家嗎？」

接下來的晚宴我一直在擔心，不知道在那長達一小時的車程，我要對這位長我 40 歲的了不起人物說些什麼？當他坐進乘客座位時，我決定向他請教在金融方面還原偏見的歷史。他很客氣，儘管懊惱權威人士還沒有接受他的觀點。雖然大家都看得到市場自由放任的隨機性，他說，經濟學家堅持溫和的隨機性，主要是因為它簡化了世界，並使數學更容易處理。曼德伯強調，雖然他不知道未來會發生什麼極端事件，但他確信經濟學家的簡單模型鐵定無法預見。

嗯！沒有多久的時間。關於 2007 年至 2009 年的金融危機，有一個鮮為人知的公式可解釋。該方程式由一位統計學家暨數學家李祥林（David Li）所研發，專門處理衡量資產之間棘手的違約相關性難題。〔該公式稱為高斯聯結相依函數（Gaussian copula function）〕。

相關性在多樣化投資組合是至關重要的，因此，在管理風險上也是。例如，考慮兩個可能的投資：雨傘公司和野餐籃公司。如果天氣惡劣，雨傘公司的股票上漲，而野餐籃公司的股票下跌；當然，好天氣會導致相反的市場反應。由於股票的績效是不相關的，因此，不管天氣如何，如果你擁有這兩種股票，你會更加多樣化。但是，如果這些股票變成有相關性的——出於某種原因，它們都同時上升或下跌——你將會暴露在比想像還要高的風險中。

　　李氏方程式的願景是，它可以只用單一的數字，評估在一個投資組合中，兩個或更多資產同時違約的可能性。這為新產品打開了閘門，對於捆綁大量資產的證券，金融工程師們好像有了量化安全性或風險度的方法。例如，一家投資銀行可以把公司債券包裹成共用資金，稱為擔保債務憑證，並以李氏方程式總結違約相關性，而不是擔心每個公司債券在共用資金上會如何表現等細節。

　　雖然市場參與者以「美麗、簡單、容易處理」來描述該項公式，但因為相關性的變化，它有一個致命的缺陷。與還原偏見一致，方程式是根據一個簡單、穩定的世界而來，但卻用於複雜、動態的世界。通常的情況是，當經濟轉折時，違約相關性上升。

　　長期資本管理公司的失敗，說明了變化的相關性會如何造成大浩劫。長期資本管理公司觀察到，在它不同的投資之間，相關性比之前 5 年少了 10％。為了加強其產品組合試驗，長期資本管理公司假設相關性可以提高到 30％，遠遠超出任何歷史數據所顯示的水準。但是，當金融危機在 1998 年來襲時，相關性上升到 70％。多樣性化為烏有，該基金遭受致命的損失。「任何依賴相關性的事物都屬詐騙行為。」塔雷伯嘲弄地說,或者,就如同我聽到交易員所說的:「在熊市,唯一上升的是相關性。」[19]

處理相變的最後錯誤,是相信預測。我們的世界是我們唯一知道的世界,但如果我們回到過去並重新來過,結果是否會有所不同,這樣的想法是很吸引人的。[20] 進化仍然會產生樹、狗和人類嗎?倘若人類採用理念和創新的模型,顯示機緣巧合扮演了重要的角色,我們怎能知道曾經發生什麼事?或者未來會發生什麼事呢?

一般來說,確實沒有辦法測試我們所看到結果的必然性。然而,由社會學家鄧肯‧華茲(Duncan Watts)率領的哥倫比亞大學三人研究小組進行了一項研究,基本上是塑造了多個世界,觀察人們在各種社會環境如何表現。我們也許不能重演我們世界的歷史,但科學家可以有效地創造不同的宇宙。[21] 華茲及其同事的研究結果,讓任何從事預測工作的人都會躊躇不前。

他們成立了一個叫做「音樂實驗室」(Music Lab)的

圖 7-3 音樂實驗室如何創造不同的世界

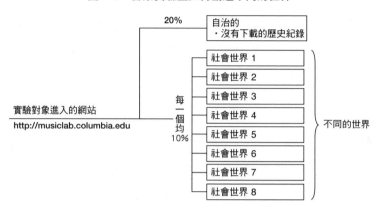

資料來源：Duncan J. Watts, "Is Justin Timberlake a Product of Cumulative Advantage?" New York Times Magazine, April 15, 2007。

網站，並邀請實驗對象參與音樂品味的研究。該網站要求實驗對象聆聽和評比未知樂團的 48 首歌曲，並可選擇下載他們喜歡的歌曲。有超過 14,000 人參與這項實驗，其中大部分是居住在美國的年輕人。

一進入網站，研究人員分配 20％的研究對象到一個獨立的自治世界。而各有 10％的人到 8 個不同的世界，在那裡每個人都可以看到其他人在做什麼（見圖 7-3）。在自治的世界，研究對象聆聽和評比歌曲，並可自由下載，但不知道其他人的動向。在其他的世界，實驗對象同樣聆聽和評比歌曲，但社會影響力發揮了作用，因為他們可以看到每首歌曲被其他人下載了多少次。研究人員為此進行了兩個變化的實驗，但在所有情境下，歌曲一開始的下載數都是零。

這項研究的設計，可對社會影響力進行極為明確的測試。自治小組裡的受試者並不受其他人的意見左右，合理呈現歌曲的品質。如果社會的影響是無關緊要的，你會預期歌曲排名（和下載）在所有 9 個世界裡都是大同小異的。另一方面，如果社會的影響是重要的，那麼在社會世界裡最初下載模式的些微差異，將導致非常不同的排名。累積優勢將會凌駕於商品的內在素質之上。

這項研究顯示，歌曲的素質確實在排名上發揮了作用。在自治世界的前五大歌曲，在社會影響力的世界裡約有 50% 的機會可以進到前五名，而最糟糕的歌曲幾乎不會名列前茅。但在社會影響力的世界裡，你要如何猜測普通歌曲的表現？你覺得別人的意見會影響你的品味嗎？

　　科學家發現，社會影響力對成功和失敗具有非常重要的作用。一首由 52metro 樂團演唱的歌曲「鎖定」（Lockdown），在自治世界裡排名第二十六位，相當普通。然而，它在其中一個社會影響的世界裡排名第一，在另一個世界則是排名第四十。社會影響力在一個世界裡，讓一首普通的歌曲一躍成為熱門歌，在另一個世界裡又把它貶到最底層。我們就稱此為鎖定教訓吧！

　　在 8 個社會世界裡，早早被實驗對象下載的歌曲，對於實驗對象往後下載的歌曲有巨大的影響。由於下載的模式在每一個社會世界是不同的，因此結果也不盡相同。

　　波利亞甕過程（Polya urn process）對這些結果提出了解釋。[22] 想像一下，一個大甕裡有一紅一藍兩顆球，你伸手進去並隨機選擇一顆球。假設你挑中的是藍色球，那麼你再拿一個同樣的藍色球，然後把兩個球都放回甕中（現在甕中有一個紅色球和兩個藍色球）。你重複此一過程，隨機選擇一球、配對、放入，直到甕滿為止，然後，計算出紅藍球的比率。圖 7-4 顯示我所模擬的 6 個試驗，每一個試驗都包含 100 回合拿出和放入的動作。

圖 7-4 在波利亞甕過程中，結果變化很大

6次試驗，每次試驗100回合

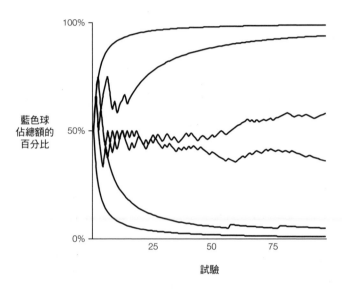

波利亞甕過程具有精確符合音樂實驗室結果的幾個特點。首先，對於任何個別試驗，你無法事先得知結果；得出的比率可能偏向紅色或藍色，而多次試驗會產生不同的比率。因此，實在是很難預測勝出者。雖然，在現實世界中，較優質的產品具有較高的成功率，但是商業上的成功和品質之間並沒有必然的聯結。除此之外，社會影響力往

往會加劇產品的成功和失敗，從而導致極端的結果。在音樂實驗室的實驗中，社會世界裡結果的不平等大大高於自治的世界。

其次，彈性度會隨著時間降低。一旦你選擇了一個藍色球，你選出另一個藍色球的機率急劇增加。如果你碰巧只有一、兩次選到藍色球，它很快成為幾乎不可能由紅色球主導的局面——一切純粹是統計的因素。雖然，最終的結果在音樂實驗室的實驗初期並不明確，但是結果一旦建立，情況也就隨之穩定了。對於社會世界，有大約三分之一的實驗對象參與後，結果就穩定下來了。好比甕一樣，第一次抽籤的運氣是關鍵。

最後，還有一個記憶效應。第一個被選中的球的顏色，會強烈影響結果。同樣的，第一個人下載一首歌曲也影響往後下載的模式。我們的世界代表一個包含許多可能性的世界，在初始條件發生的微小變化，會導致結果出現很大的差異。審視社會影響力各異的各個世界，排名的差異證明了這個論點。

　　明確地說，波利亞甕過程過於簡單，不足以完全代表音樂實驗室的實驗和大部分的社會進程。[23] 例如，波利亞甕過程被限制在兩個選擇上，然而實驗和真實世界要複雜得多。不過，波利亞甕過程的確展示了正面反饋如何導致不平衡、難以預料的結果，社會影響力可以做為正面反饋的發動機。

　　要認識社會影響力在其他領域的作用並非難事，研究人員已經在成功的技術、行為和理念中，證明累積優勢的重要性。典型的例子包括標準格式之間的市場戰爭，例如 Qwerty 打字機鍵盤對抗 Dvorak 打字機鍵盤、VHS 錄影帶對抗 Betamax 錄影帶，以及藍光光碟對抗 HD-DVD 光碟。[24] 每個領域同樣面臨著可預測性的不足，以及成功和品質之間不嚴謹的相關性。每個領域存在臨界點和相變。在因果關係不明確的情況下，從歷史中學習是一項艱鉅的任務。

　　以下提供一些建議，教你如何應付存在相變的系統：

　　一、研究你所處理系統的結果分布。多虧塔雷伯的提醒，現在許多人會把極端事件與黑天鵝聯想在一起。但塔雷伯做出了謹慎（即使疏漏）的區別：如果我們明白更廣泛的分布是什麼樣子，那麼結果——即使是極端的——會被正確標記為灰天鵝，而非黑天鵝。他稱這些為「可做為範例的極端事件」。事實上，科學家們已經做了很多分類各種系統分布的工作，包括股市、恐怖主義行動、電力網絡故障。[25] 因此，如果你具備了解這些系統的背景和工具，那麼對於系統如何運作便能有個概括的看法，即使你沒有任何可靠的方法預測任何特定的事件。關鍵在於，對於任何系統所給予的，不管極端與否，都做好妥善的準備。在大多數情況下，人們之所以焦頭爛額，不是因為黑天鵝，未知的因素仍是未知，而是因為他們未能為灰天鵝做好準備。

二、**尋找臨界點時刻**。隨著有關千禧橋的討論，以及群眾智慧展現，在集體系統內的巨大變化，往往發生在系統行動者企圖協調它們的行為。想想 1990 年代末期的網路熱潮，以及 2007 年至 2009 年的經濟混亂。雖然多樣化的減少並不能保證一個系統的改變（儘管它確實引發無形的漏洞），但它大大提高了可能性。協調行為處於許多不對稱結果的核心，包括有利（最暢銷的書籍、風險資本）和不利（國家安全、借貸）的結果。人們也要注意多樣化的程度，以及認知到狀態變化經常是突如其來的。

三、**提防預言者**。人類極渴望能在不同範圍的領域內有預見和預測的能力。人們必須認知到，在相變的系統內，預測的準確度是不高的，甚至由所謂的專家來預測也是如此。華茲說：「我們認為可以稱作品質的某些東西⋯⋯且讓我們看看反映這個品質的真實結果。」不過，他補充說：「我敢說，我們得到的結果大多數往往是片面的。」[26]最好的方法是理解分布的本質，以及對所有的突發事件做好準備。

四、**減緩負面效應，掌握好的一面**。處理複雜系統的一個普遍和明顯的錯誤是，在某特定結果上投注太多心力。在 1950 年代，貝爾實驗室（Bell Labs）物理學家約翰・凱利（John Kelly）根據信息理論而來的最佳投注策略，研發了一個公式。凱利公式告訴你，有鑑於你的優勢，你該下注多少。凱利公式其中一個主要教訓是，在有極端結果的系統下投注過多會導致破產。投注太多解釋了許多大型金融機構〔包括美國國際集團（AIG）〕倒閉的原因。毫無疑問地，這是沒有考慮到極端的結果。舉例來說，大型、盈利的保險公司美國國際集團，積極轉進衍生性金融商品的業務，以提高利潤。當 2008 年市場暴跌，美國國際集團未能達到它的財務承諾，不得不讓美國政府幫忙脫離困境。然而，沒有任何美國國際集團的模型預測出會有這樣的結果。[27]

「極不可能發生」和「極端事件」都有正面和負面的特點。在處理集體系統時，理想的狀況是讓成本效益接觸正面事件，並確實對抗負面事件。雖然我們已經日趨成熟，但是，我們看到市場上與極端事件密不可分的金融機構，往往是被錯誤定價的。[28] 最後，投資傳奇彼得‧伯恩斯坦（Peter Bernstein）的訓誡應牢記：「結果比機率更重要。」這並非意味著你應該把注意力放在結果，而不是過程；它表示在你的進程中，你應該考慮所有可能的結果。[29]

愈來愈常見的是，人們必須處理那些被突然、不可預見的變化和罕見但極端的結果所標記的系統。我們對於這些系統都有錯誤傾向，因為我們直覺希望以更簡單的方式看待系統，並以過去推斷未來。當你看到這些系統時，請標示它們，並放慢你的決策過程。尤其當你在不利的黑天鵝之中試圖找到方向時，關鍵是要活著看到新的一天。

技巧和運氣的區別

為什麼投資者經常買高賣低？

成功＝一些天賦＋運氣

大成功＝一些天賦＋很多運氣

　　老闆大發雷霆了。2005 年，紐約洋基隊在前 12 場比賽中只贏了 4 場，這件事在各界傳開之後，球隊老闆喬治・史坦布瑞納（George Steinbrenner）無法克制自己的沮喪。「我們球隊表現如此差勁，讓我感到十分失望。」他激動說道：「在棒球界中薪酬最高的球隊，在季賽一開始就陷入這樣的頹勢，真是讓我無法置信。他們有天分贏球，卻還是輸了。」儘管還有 93％ 的季賽要進行，球隊經理喬・托瑞（Joe Torre）也只能同意：「他說的話我們都知道，然而他確實花了錢，所以期望得到的成果，顯然高過目前得到的成績。」[1]

　　洋基隊最後還是熬過來了，在例行賽中得到分區冠軍，但不是因為老闆的嚴厲斥責。可是，有多少是靠著技巧，又有多少是出於運氣呢？這很難說。在許多領域中，我們都很難區分出技巧和運氣，包括企業和投資。因此，我們犯了很多意料之內的錯誤，例如，沒有了解到球隊，或者是個人，無可避免地會有均值回歸的傾向。本章會賦予各位一個嶄新的角度，解釋你們的球隊為什麼會接連獲勝，以及為什麼會萎靡不振的原因。此外，員工、業務部

門、股票經紀人，以及其他個別和團體專業人士的績效也
會出現這樣的情形。

▌1800 年代的甜豌豆

法蘭西斯・高爾頓（Francis Galton）是查爾斯・達爾
文（Charles Darwin）的表弟，他是維多利亞（Victorian）
時期一位喜愛數學的博學之士。由於對範圍廣泛的議題，
包括進化、心理學和氣象學的好奇，他引進了經驗主義的
行為準則來測試自己的想法。在他的一生中，他收集和分
析了大量的數據。

透過詢問和調查的程序，高爾頓發現均值回歸的現
象，這在統計學上是一大卓越的成就。

這個想法是，對許多類型的系統而言，一個不平常的
結果之後會跟著比較接近平均值的期望值。雖然大多數人
都體認到均值回歸的想法，但是，他們往往忽視或誤解這
個概念，導致在分析中出現大量的錯誤。[2]

高爾頓對這個議題的興趣，始於天才是遺傳而來的想法，他發現天才——音樂家、藝術家、科學家——都遠遠高於平均值，然而，他們的孩子雖然也高於平均值，但卻比較接近平均值。天才，無論如何，是很難衡量的。因此，高爾頓轉向他可以衡量的東西：甜豌豆。他以大小來區分甜豌豆種子，並證明，雖然子代往往類似於上一代的種子，但是它們的平均大小更接近於總體的平均值。[3]

雖然常態（或鐘形）分布在當時是眾所周知的，但是當時的思想家普遍假設，這是許多小誤差圍繞在平均值周圍所產生的結果。例如，許多科學家可能會估計一顆行星的位置，每一次估計位置都會有一些誤差，反映出工具或計算的不完美。如果某個方向的誤差和另外一方的誤差勢均力敵的話，就會互相抵消，這些估計的平均值便是行星的真正位置。

但是這個誤差理論無法解釋高爾頓的調查結果，他察覺到必定有個不同的機制發生作用。遺傳在決定豌豆的大小上扮演了重要的角色，而不單單是某種整體平均值周遭分布的誤差而已。

圖 8-1 回歸人類身高的平均值

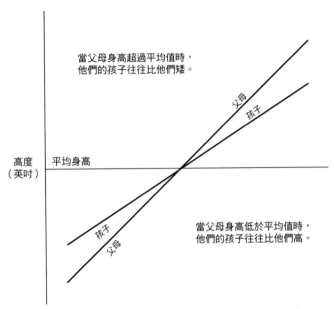

當父母身高超過平均值時，
他們的孩子往往比他們矮。

父母

孩子

高度
（英吋）

平均身高

孩子

父母

當父母身高低於平均值時，
他們的孩子往往比他們高。

資料來源：Francis Galton, "Regression towards Mediocrity in Hereditary Stature",
Journal of the Anthropological Institute 15 (1886): 246-263。

　　因此，高爾頓著手針對身材進行詳細的研究。他收集
了 400 名父母及其 900 多名子女的身高。他把父母的身高
結合成他所謂的「中親身材」（mid-parent stature），並發現
它們遵循常態分布。然後他計算出子女身高，發現它們回

歸到平均值。高大的父母往往有高大的孩子，但孩子的身高，更接近所有兒童的平均高度。矮小的父母一般會有矮小的孩子，但這些孩子會比他們的父母高（見圖 8-1）。這些數據可以讓高爾頓說明並定義均值回歸。[4]

高爾頓的重要見解是，即使從一個世代到下一個世代發生了均值回歸的情況，身高的整體分布隨著時間推移仍然保持穩定。這種組合為人們設下了一個陷阱，因為均值回歸意味著事物經過一段時間之後，會變得更加普通，然而穩定的分布則表示事物的變化不大。全面掌握變化和穩定性如何調和，是了解均值回歸的關鍵。[5]

▌技巧、運氣和結果

人類許多志業的結果其實是融合技巧和運氣。舉例來說，在棒球上，一位投手可以投出一場精采的比賽，但他的球隊可能會因偶然事件而輸球。當然，技巧和運氣的影響力多寡，取決於活動項目而定。吃角子老虎毫無技巧問題，但是，贏得國際象棋比賽需要大量的技巧，以及少許的運氣。然而，即使一個選手的技巧沒有改變，他的運氣也會來來去去。

　　舉例來說，想想看一個高爾夫選手，在不同日子的兩輪比賽裡可能如何得分。如果這位高爾夫選手在第一輪比賽中的得分遠低於他的差點（handicap），你預期他在第二輪比賽中會有怎樣的表現呢？答案是不會那麼好。第一輪比賽的傑出成績是因為他的技術精湛，但也是因為運氣使然。即使他在第二輪比賽時技術同樣精湛，但你不會預期他有同樣的好運。[6]

　　任何結合技巧和運氣的系統，隨著時間荏苒將會回歸到平均值。有人曾要求丹尼爾・卡尼曼為二十一世紀提供一個公式，他的公式便巧妙地掌握這個想法。事實上，他提供了兩個公式，如下所示：[7]

成功＝一些天賦＋運氣
大成功＝一些天賦＋很多運氣

　　當然，糟糕的結果可能表示雖有些技巧但運氣很差，這就是 2005 年洋基隊前 12 場比賽的情形。然而，隨著時間的推移，運氣的影響力降低，技巧就會出線，這有助於解釋洋基隊為什麼最後會取得第一。史坦布瑞納對球隊的看法過於狹窄，他只看到洋基隊在 12 場比賽中輸掉 8 場，但他沒有考慮到洋基球員是全國技巧最精湛的球員（即使他支付他們可觀的薪水）。當他們的運氣好轉時，他們開始贏球。

當你忽略了均值回歸的概念時，就犯了三類錯誤。第一個錯誤是自以為很特別。我曾與一間公司的高層管理團隊見面，探討我如何解讀均值回歸之於企業績效的影響。全體執行主管都狀似理解地點著頭，然後，執行長插話了：「是的，我們很了解均值回歸的概念。但它並不適用於我們，因為我們已經找到一種更好的方式來運作。」如果真是這樣就好了。

投資界也有忽視均值回歸的例子。以下這兩種投資經理人，你寧願聘用哪一個：最近績效超越大盤市場的這一個，還是績效落後大盤指數的那一個？當然，沒有簡單的答案。你在任何投資之中會賺到多少錢，運氣顯然發揮了

很大、但難以捉摸的作用，尤其是在短時間內。但是，即
使產業專業人士聰明了解到運氣的重要性，他們始終還是
無法將這種認知納入決定之中。

圖 8-2　當他們搶手時雇用，反之則解雇

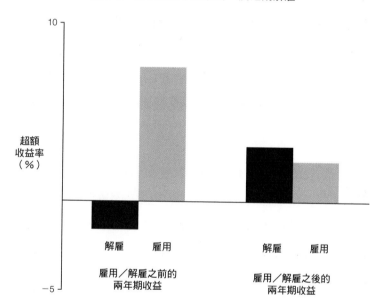

資料來源：Amit Goyal and Sunil Wahal, "The Selection and Termination of Investment Management Firms by Plan Sponsors", Journal of Finance 63, no. 4 (2008): 1805-1847。

　　埃默里大學（Emory University）金融學教授阿密特・戈亞爾（Amit Goyal）和亞利桑那州立大學（Arizona State University）金融學教授蘇尼爾・華赫爾（Sunil Wahal），分析了 3,400 個退休計畫、基金捐贈，以及基金會（計畫贊助者）在 10 年當中，如何雇用和解聘那些管理資金的經理人。研究人員發現，計畫贊助者往往聘請近來績效良好的經理人，而解雇的頭號理由則是績效欠佳。與均值回歸理論一致的是，研究人員指出，在隨後幾年，許多被解雇經理人的表現轉而超越了那些被聘雇的經理人（見圖 8-2）。[8]

　　個別投資者也有類似的行為。個人賺取的收益一般是標準普爾五百指數的 50％至 75％，就是因為他們在市場狂熱時把錢注入，而在下跌之後急著把錢收回。他們買高賣低。這些忽視均值回歸的人，很難把辛苦得來的血汗錢賺取可觀投資收益。[9]

　　我在研究中發現，華爾街的分析師在為自家公司建立未來的財務模型時，忽略了均值回歸的影響。分析家在思考重要的推動力量時——像是公司銷售增長率和經濟效益水平——往往無視於均值回歸的證據。[10]

▌西克里斯特的愚蠢錯誤

1993 年，西北大學經濟學家霍勒斯‧西克里斯特（Horace Secrist）在他的著作《在企業中平庸的勝利》（*The Triumph of Mediocrity in Business*）中寫道：「平庸往往盛行於競爭性的事業之中。」就這樣大筆一揮，西克里斯特便成為均值回歸第二個相關錯誤歷久不衰的範例——對數據解讀錯誤。[11] 西克里斯特的這本書真的令人印象深刻，400 多頁的內容說明，平均值回歸明顯肯定朝著平庸發展的趨勢。我的研究為西克里斯特的想法提供解釋。圖 8-3 顯示，「投入資本報酬率」（return on invested capital, ROIC）和資金成本之間的傳播如何回歸到平均值，這項研究是針對 1,000 多家公司的樣本，追蹤時間超過 10 年。而在當代，這張圖片毫無疑問十分吻合西克里斯特文中所述。[12]

西克里斯特的著作大體上備受各界推崇，但哥倫比亞大學經濟學家暨統計學家哈羅德・霍特林（Harold Hotelling）的嚴厲批判卻是個明顯的特例。霍特林指出，問題在於「這些圖表除了證明相關比例有偏離的傾向之外，什麼也不是。」[13] 圖 8-4 是理解霍特林評論最理想的視覺資料。在頂端的是 1997 年樣本的 ROIC 分布，中間的則是來自圖 8-3 的均值回歸，而最底下的是 2007 年的 ROIC 分布。請注意，圖 8-4 最上方和最下方圖的分布看起來非常相似。

圖 8-3　公司投入資本報酬率回歸到平均值（1997 年至 2007 年）

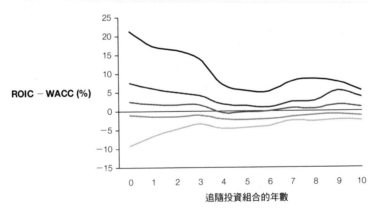

追隨投資組合的年數

圖 8-4　均值回歸不表示平庸的勝利

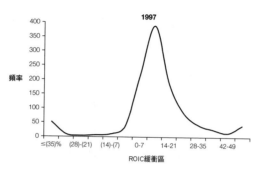

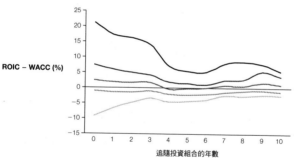

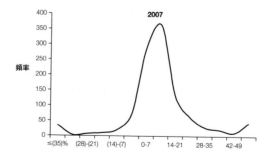

相對於西克里斯特所言，所有公司都沒有出現移向平均值或變異縮小的趨勢。事實上，有個不同、但同樣有效的數據顯示出「遠離平庸並（朝向）增加變異」的走勢。[14]這些數據更準確的解讀是，隨著時間的推移，這些公司因為運氣重新調整，所以分布的位置也跟著改變。當然，運氣曾經極好或是極壞的公司可能會回歸到平均值，但經過一段時間，整體系統看起來非常相似。

如果你進行的均值回歸分析是從現在推回到過去，而不是從過去到現在，那會怎樣呢？身材高大的子女，他們的父母是不是或多或少有可能長得比他們高？

平均值回歸與我們的直覺認知正好相反，不管數據是往前或向後看，得到的結果都是一樣的。因此，身材高大的子女，其父母往往也是高的，但不會和他們一樣高。現在有高收益的公司，過去也有高收益，但並不如現在這麼高。圖 8-5 以反轉的時間箭頭說明了這個觀點。再回到1997 年，與圖 8-3 的相似性是很清楚的。

圖 8-5　從現在到過去觀察均值回歸一樣有效（2007 年到 1997 年）

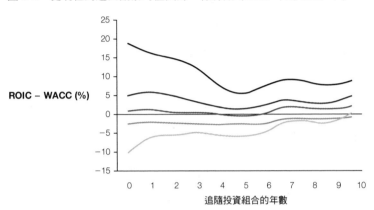

我們可以這樣來看。這麼說吧！結果有一部分是長期的技能，另外一部分則是暫時性的運氣。在任何特定時期的極端結果，反映的是極好或極壞的運氣，在這之前或之後的時期，運氣的影響力沒這麼顯著，表現也就不會極端。

■ 何種反饋有助於表現？

40 多年前，丹尼爾 · 卡尼曼受邀幫助以色列空軍的飛

行教官，強化他們的培訓技能。在看完教官對受訓者口出
穢言之後，卡尼曼跟教官說了個有關鴿子的研究，說明正
向反饋如何比申斥更能發揮激勵作用。一名教官反駁說：
「恕我直言，長官，你說的可是鳥。」該名激動的教官接著
解釋，飛行員在受到讚揚之後，下一次飛行表現幾乎總是
更糟，而在嚴斥之後，表現卻會持續改善。

　　卡尼曼一開始吃了一驚，但是他很快意識到該名教官
犯了我們的第三個錯誤。他相信侮辱行為會讓飛行員駕駛
得更好，實際上，他們的表現只是均值回歸罷了。如果一
名飛行員有一次飛得非常棒，教官很可能會為此稱讚他。
然後，當該飛行員下一次飛行回歸到平均值，教官會認為
這次表現比較平庸，因而以為讚美會對飛行員產生不好的
結果。教官們並不了解，相較於均值回歸，他們的反饋對
下一次飛行表現的影響沒有那麼重要。[15]

　　那些認為史坦布瑞納震怒，有助洋基隊在 2005 年奪冠
的人，犯的是同樣的錯誤。主要教訓是，反饋應側重於個
人可以掌控的那個部分（亦即技巧）的結果。如果不能區
分技巧和運氣，那麼只根據結果提供意見反饋幾乎是沒有

用處的。

▌光環效應

「光環效應」（halo effect）這個名詞首見於 1920 年代哥倫比亞大學心理學家愛德華・桑代克（Edward Thorndike）的描述，這和均值回歸具有密切的相關性，並說明許多有關業務經理研究的致命缺陷。光環效應是人類基於一般印象而做出特定論斷的傾向，例如，桑代克發現，當軍中長官就其部屬的特性（例如智力、體格、領導力）進行評比時，各項特性之間的相關性高到難以想像的地步。如果這位長官喜歡他的部屬，評分板上各個項目的分數都給得很大方；如果不喜歡，就會給很低的分數。實際上，部屬給長官的整體印象模糊了具體情況。[16]

在《光環效應》（*The Halo Effect*）中，菲爾・羅森維（Phil Rosenzweig）指出，這個錯誤普遍存在於商業世界。羅森維表示，我們往往看到財務績效很成功的公司，將各項特質（例如，卓越的領導力、高瞻遠矚的策略、嚴格的

財務控管）附加在他們的成功之上，並建議他人也要擁抱
這些特質，才能獲致這般成就。管理學研究人員往往遵循
這個公式，幾乎不曾體認到運氣之於企業績效的影響力。
如果研究人員落入光環效應的陷阱，那麼他們賴以支持論
述的大量數據都徒勞無功了。[17]

　　舉例來說，羅森維表明，媒體會稱讚某家公司經營得
有聲有色，因為它具有「健全的策略、高瞻遠矚的領導
者、積極進取的員工、卓越的顧客導向、充滿活力的文化
等等。」[18] 但是，如果公司的業績隨後回歸到平均值，旁觀
者會斷定這些特性全都出了差錯。但實際上並非如此。許
多案例其實都是同樣的人以相同的策略經營同樣的業務，
是均值回歸影響了公司的業績發展，進而左右了人們的看
法。

　　羅森維舉艾波比公司（ABB）為例，在 1990 年代中
期，《金融時報》連續三年稱 ABB 集團為歐洲「最受尊敬
的公司」，認為該公司「在業務績效、企業策略、和充分
發揮員工潛力方面的評價極高。」ABB 的執行長，派西 ·
巴那維克（Percy Barnevik）也備受尊崇，韓國管理協會

（Korean Management Association）稱他為「全世界最受尊敬的頂尖經理人」——這是一項獎勵得獎最多的榮譽。

在 1990 年代末期和 2000 年代初期，ABB 公司的業績下滑。當初媒體推崇為 ABB 成功關鍵的因素，比如分散式管理（decentralized management）的靈敏度，成了現今衰敗的原因，就好像是「偏遠部隊到頭來成了衝突爆發的原因。」[19] 但是，媒體見風轉舵最明顯的地方在於對巴那維克的評語，從「有魅力、大膽、遠見」的形容，轉而為「傲慢、專制和抗拒批評。」《財星》雜誌（*Fortune magazine*）記者理查‧湯姆林森（Richard Tomlinson）和寶拉‧耶爾特（Paola Hjelt）檢討 ABB 公司的起起落落，得出一個結論：「巴那維克從來沒有像他在 1990 年代那樣佳評如潮般的傑出，但也沒有像最近媒體咒罵不斷的一半壞。」[20]

雖然湯姆林森和耶爾特說得沒錯，但媒體往往延續光環效應。雜誌封面上妝點的是成功人士和企業，伴隨著封面故事解釋他們成功的事蹟。光環效應也適用於相反的情況，媒體對於業績貧乏的公司會直指他們的缺點。媒體專注於極端表現的傾向，讓它成為一個可靠的反向指標。

里奇蒙大學（University of Richmond）金融學教授湯姆·阿諾（Tom Arnold）、約翰·厄爾（John Earl），以及大衛·諾斯（David North），審閱《商業週刊》（Business-Week）、《富比世》雜誌（Forbes）和《財星》雜誌 20 多年來的封面故事。他們把文章介紹的公司分成最當紅，以及最黯淡無光兩類。他們的分析顯示，在封面故事發表的兩年之前，這些當紅的公司股票，異常的正回報超過四十二個百分點；而在介紹經營績效慘澹的文章中，這些公司的股票投資報酬如各位所預期的，則落後了將近三十五個百分點。但是，繼文章發表兩年後，當初被雜誌批評的公司，其股票績效超越了雜誌讚揚的公司股票，超過的幅度幾乎達三比一。回歸到平均值。體育粉絲另外有個換湯不換藥的說法——那就是體育畫刊厄運，這是指球隊或運動員在當過體育畫刊雜誌的封面人物之後，表現往往立刻急轉直下。[21]

羅森維以充滿破壞力的方式指出，大部分暢銷商業書籍的想法都落入光環效應的陷阱。他認為，這些書籍在商業方面的成績是成功的，因為這些書對經理人訴說他們想要聽的故事：任何公司只要採取這些步驟都能成功。事實上，在瞬息萬變的商業環境裡，沒有任何簡單的公式可以確保成功。

例如，管理大師吉姆・柯林斯（Jim Collins）在暢銷著作《從 A 到 A+》（*Good to Great*）中介紹 11 家卓越的公司，並將它們封為所謂的刺蝟。這些公司專注於自己最擅長的部分，為了追求經濟層面的成長不遺餘力，而且充滿熱情。因此，這本書的一個教訓是，你的公司若採用這種刺蝟的習性，同樣也可以成功。但是，重點不是「所有的卓越企業都是刺蝟嗎？」，而是「所有的刺蝟都是好的嗎？」如果後者的答案是否定的──而且肯定是如此──那麼老著眼於生存者，會在分析時產生偏見，導致錯誤的結論。

現在，既然你已經警覺均值回歸和光環效應接二連三的出擊，便會發現這些現象隨處可見。在 1990 年代末期，企業執行委員會公司（Corporate Executive Board）針對企業的成長，做了一些發人深省的研究。我覺得這個分析很有用，並立即將此納入我的工作中。大約 10 年後，該公司

公布了這個分析的更新版本。起初，我很興奮能拿到根據
「詳盡研究」最新的調查結果。但我很快就感到灰心喪氣，
因為我發現新的研究成果受到光環效應的影響。不像之前
的工作，這份更新的分析報告界定企業銷售業績成長起伏
的模式、挖出數十年的數據以尋找符合這個模式的公司績
效，然後將特性（特定的策略、組織和外部的因素）附著
在這些符合模式的公司。雖然充滿吸引力，而且包裝完
美，但是調查的結果卻是根據錯誤的分析。

　　你要如何才能避免均值回歸相關的錯誤？以下清單也
許可以幫助你認清重要的問題：

　　**一、針對你正在分析的系統，評估其中技巧和運氣的
組合情形**。辨識技巧和運氣的影響力向來不易，即使有分
析工具可應用也不例外。[22] 為了具體說明這個想法，請參
考表 8-1 這些遊戲的連續性。左邊所列的是訊息完整的遊
戲，每一個玩家都知道位置、收益，以及對手可以利用的
策略。在這些遊戲裡，結果大部分是透過技巧決定的。右
邊所列的則是根據運氣的遊戲，技巧完全派不上用場。而
中間的遊戲結合了技巧和運氣。

表 8-1　是什麼決定結果──技巧還是運氣？

技巧	技巧和運氣	運氣
國際象棋	撲克	輪盤
西洋棋	西洋雙陸棋	吃角子老虎機
圍棋	大富翁	滑梯遊戲（Chutes and Ladders）

以下是一個簡單的測試，看看活動是否涉及技巧：問一問你自己，能否故意輸掉比賽。[23]就拿賭場遊戲來說，如輪盤或吃角子老虎，輸贏純粹是運氣問題，與你做些什麼無關。但如果你能故意輸，那麼就涉及了技巧。這個簡單的測驗顯示運氣在投資上扮演的角色。雖然大多數人都認同，建立一個超越標準普爾五百指數的投資組合很難，但是多數人都不知道，建立一個績效比標竿糟糕的投資組合有多難。

因此，當你面對牽涉到運氣的活動時──尤其是有關短期結果的結論──得小心別妄下結論。在任何特定情況下，我們都不善於判斷，技巧和運氣到底有多少重要性。當好事發生時，我們往往認為這是因為技巧的關係。當不好的事發生時，我們會將此視為偶然情況而一筆勾銷。所以忘了結果吧，應該專注在過程上。

　　至於機會影響力強大的體系，同樣不乏相關評論。如同史坦布瑞納的故事讓我們明白，運氣在棒球上扮演著重要的角色，尤其是就短期而言。然而，棒球播報員是實況分析比賽，很少注意到賽況大多數受到運氣的主宰。企業和市場也適用同樣的原理。

　　二、謹慎考慮樣本大小。丹尼爾・卡尼曼和阿莫斯・特沃斯基（Amos Tversky）直指，人們往往只根據小樣本便推斷出毫無根據的結論。[24] 清楚考慮樣本大小是至關重要的，這有幾點理由。

　　運氣對你觀察的結果幫助愈大，你需要的樣本就愈大，才能區分技巧和運氣。棒球就是一個很好的例子，在超過 120 場賽事的季賽中，運氣好，最好的球隊將浮出檯面。然而，就短期而言，幾乎任何事情都有可能發生。在《魔球》（*Moneyball*）一書中，麥可・路易士（Michael Lewis）這位常對各種議題提供嶄新觀點的作家指出，「在一個有 5 場比賽的棒球系列賽中，最差的球隊大約有 15％

的時間會擊敗最佳球隊。」[25] 你不會看到這種情形發生在國際象棋或網球比賽中，這些比賽的最好選手幾乎都打敗最差的選手，無論在任何時段都是如此。

此外，當大量的人參與某項深受運氣影響的活動時，其中有些人會僥倖成功。所以，在參與者眾多的領域裡，你甚至必須更長期、成功地追蹤紀錄。投資追蹤紀錄是一個很好的例子。

粉絲們對於遊戲和運動中的熱手（hot hands）和手氣經常產生誤解。熱手一詞指的是「成功孕育成功」的信念。我們往往認為，如果一個籃球選手投入一球，下一球他很可能也會順利投入。

本古里安大學（Ben-Gurion University）商學教授麥克‧巴艾利（Michael Bar-Eli）研究人類表現（特別是與運動相關）的心理因素。巴艾利及其同事在對熱手研究進行了詳細的檢驗之後，淡淡地總結說：「證明熱手存在的實證是相當有限的。」[26]

這並不是說球員連續投籃或投不進的手氣並不存在，

當然，這些手氣確實存在。重點是，這些接連成功和失敗的情形，和球員的技術水平是一致的。例如，一個進球率六成的籃球選手，連續投進五球的機率是 7.8％（0.6⁵），而一個進球率四成的選手，連續投進五球的機率只有 1％（0.4⁵）。鑑於統計數字，最好的球員比最差的球員擁有更好的手氣，就如你所預期的。

手氣（在特定活動連續獲得成功）需要許多的技巧和運氣。事實上，在一個領域裡，手氣是最好的技術指標。單有運氣不能帶來手氣。我在籃球和棒球方面的各種運動手氣分析，清楚說明手氣順的人在所屬領域中都是技術的佼佼者。

史丹佛商學院組織行為學教授傑克‧丹瑞爾（Jerker Denrell）證明了樣本大小和學習之間的關係，在他的論文《為什麼多數人不贊同我：經驗採樣和印象形成》（*Why Most People Disapprove of Me: Experience Sampling and Impression Formation*）中，丹瑞爾認為，你對一個人或一個組織的第一印象，可以決定你未來的互動程度。因此，如果你經營的事業是跟客戶有關的，留下良好的第一印象尤其重要。[27]

　　想像一下，嘗試新的餐廳可能會有兩個不同的結果。第一種情況，餐廳處於它的最佳狀態。你享用一頓美食，服務周到且價格合理。你會再度光顧嗎？第二種情況，餐廳的狀況欠佳。你的晚餐馬馬虎虎，服務冷淡，價格在你希望支付的水準高檔。你會再度光顧嗎？

　　大多數人會回去第一個情況的餐廳，而不是第二個。鑑於均值回歸，你第二次去這家餐廳很可能會發生什麼事呢？餐點可能不會像上一次那麼好，或者服務稍有退步。但在這種情況下，你對這家餐廳的看法會更加準確，即使它沒有上一次那麼討人喜歡了。另一方面，如果因為一個不好的經驗，再也沒有光顧這家餐廳，可以確定的是你不會收集到額外的訊息，即使這些訊息——如同均值回歸所顯示的——會比較有利。所以，人們對他們喜歡的人和事，比起那些他們不喜歡的，觀感往往比較好，因為他們可以參考的樣本更具全面性。

　　三、注意系統內部或系統的改變。不是所有的系統隨著時間的推移都能保持穩定，因此，重要的是要考慮系統如何改變，以及箇中的原因。個人在技巧層面上的改變就是一個明顯的例子；運動員的年齡也是。在許多專業的運動上，運動員的技能一直增進到 27、28 歲，然後開始走下坡。所以，高於平均水平的運動員，隨著時間回歸到平均值，而產生技能衰退的後果。其他職業自然也有技能衰退的情形，包括商業和醫藥都是如此。

此外，系統本身也可能會發生變化。古生物學家古爾德分析自從 1941 年泰德・威廉斯（Ted Williams）之後，為什麼沒有一個棒球選手能在完整賽季中維持四成的打擊率。有些解釋雖然有趣，但不具說服力。古爾德接著證明，雖然多年來大聯盟的平均打擊率已經相當穩定，但是標準差從 1941 年的 32％左右，縮減至今日的 27％。鐘形分布的寬度比以前窄小許多，而分布的右邊更接近平均值，這也許可以解釋何以沒有打擊率四成的打者。古爾德將標準差減少，歸因於大聯盟整體技能水平更加卓越且更為一致。[28]

四、小心光環效應。整個工業，包括商學院的教授和顧問在內，正努力為商人們提供可以解決問題的好方案。
包括如何增加銷售，如何創新，以及如何管理人員。但
是，無論何時，當你看到有人提供成功的祕密、公式、規
則或屬性時，可以肯定的是有人正在對你推銷萬能仙丹。
不過，要發現光環效應需要訓練。因為提供者說的故事非
常誘人，而且儘管虛假，卻說得相當認真且嚴肅。

　　如果你和我一樣，希望為每一個結果找到成因，便應
該花一些時間釐清技巧和運氣，如此可以讓你清楚思考有
關均值回歸的問題。對我來說，讓自己保持冷靜，才是了
解均值回歸最主要的教訓和契機。當結果因運氣好而表現
理想時，要為結果接近平均值時做好準備。當結果因運氣
不好而令人失望時，則要體認到情況終會好轉。

結論

是該「再想一下」了

- 加強本身的意識
- 設身處地為別人設想
- 了解技能和運氣扮演的角色
- 聽取意見回饋
- 建立檢核表
- 事後檢討
- 了解自己不足之處

　　我有次跟幾位同事一塊去聽一系列的演講。這些演講的講題雖然十分精采，但深具學術氣息、非常抽象。聽完最後一場之後，我的一位同事嘆了口氣說，「講得很棒，可是明天我該做些什麼樣的改變？」接下來的日子是不是有很多事情的做法有待改變，我不是很清楚。不過，如果「再想一下」的教誨有其價值的話，那麼應該建議讀者確實採取一些具體的行動。

　　在我列舉這些行動之前，且讓我們看看有哪些事情是不用做的。你們不用每次做出決定之前都要重複思考。大多數的決策是直截了當的，影響所及也十分明確，所以跟本書介紹的錯誤並沒有什麼關係。我們每天都會做出許多決定，一般而言，相關的風險都很低。就算風險不低，最理想的路通常也是十分清楚的。

　　但在風險夠高，而且本身的決策過程會令自己做出不理想的抉擇時，則是「再想一下」可以發揮價值的情況。

　　所以，你們非了解潛在的錯誤不可（**做好準備**），能在背景之中看出錯誤所在（**意識到**），而且在時機成熟時強化最終的決策（**實際應用**）。接下來的日子裡，究竟有哪些可以改變做事的方式，請參考以下建議。

▎加強本身的意識

在本書的導言裡，我曾說過這些錯誤必是普遍、可看得出來，而且可以預防的。如果各位確實了解我所說的話，就會發現這些錯誤隨處可見。各位的首要之務是，從日常的資訊流中，找出這些錯誤。我敢說，你們一定不乏題材。

這部分是受到數學家保羅（John Allen Paulo）《數學家看報紙》（*A Mathematician Reads the Newspaper*）[1] 等著作啟發。保羅以充滿趣味的文筆解析，透過數學家的眼光來看待日常事務及評論，如何可以獲得實用的觀點。如果你們能從別人不入流的決策之中找出差勁的思維，當自己面對潛在的錯誤時，便會居於較有利的位置並加以掌握。

以我本身而言，我對本書介紹的錯誤有兩個不同的看法。一方面，我對周遭常見的思維方式——不論是因為因果關係的錯誤、光環效應，或是沒有考慮到基礎比率——都無法苟同。好比說，我在為這本書進行研究時，發現一份報告顯示，流行歌曲的節奏變化跟標準普爾五百指數收益率的標準差存有關聯。[2] 想當然爾，文中暗示音樂的節奏變化可能是造成市場起伏的原因。可能嗎？也許吧。這種情形容易出現嗎？我可不會拿自己的錢作賭注。

另一方面，在寫這本書的過程中讓我更加體認到，要想釐清各式各樣的問題有多麼困難。事實上，我們傾向犯錯，而這些錯誤若再加上資訊不完備及許多的不確定性，便會導致不理想的結局。當結果一旦揭露之後，大家往往會事後諸葛，表示事前就知道會有這樣的結果。而且，當情況一旦急轉直下，每個人都想要找個人頂罪。（當情況好轉時，大家卻又想要邀功）。本書就算沒有什麼其他建樹，至少應該鼓勵各位對情勢和決策的思維都要周延。

▌設身處地為別人設想

思考別人的想法或體驗，是改善決策最強而有力的辦法之一。這種思維的重要性可從幾個層面來看。第一是接受外界的觀感。我們面臨的許多抉擇——像是結婚、重大的合併案，或是搬到別的社區去——雖然本身並無經驗，但是許多人都曾經歷過。這些累積的經驗可做為你們在抉擇時指引的參考。

周延設想情勢的力量也很重要。如此才能在評估他人的選擇時，謹慎考量他們所處的情勢，而不是過度解讀個人的特質。誠如我們所見，情勢對於決策的促成或阻礙都具有極大的影響力。不過，大多數人還是會落入基本歸因謬誤，誤以為個人意向能夠凌駕在形勢之上。

各位要記住，你們採取的行動會觸發反應，許多時候這些反應可能會讓你措手不及。賽局理論家數十年來埋首研究因應這些互動最好的辦法，尤其是在一對一的情況。不過，要了解複雜適應體系的回應方式同樣也深具挑戰性，試圖管理生態體系的生態學家或是試圖引導經濟發展的財政部長便可證明這點。影響重大的決策幾乎都不是憑空決定，所以你必須考慮到每一個抉擇可能造成的潛在影響。[3]

思考別人的決定是出於什麼動機——尤其是當這些決定會影響到你的時候——同樣也很重要。各位不妨修門談判課程，因為談判老手深諳技巧，看得出對手重視的是什麼，所以能達成互利的解決方案。就算你和對方沒有直接的接觸，你們對誘因的認知依然是很寶貴的指引，有助於了解人們做出決定的方式。

最後一點，領導者必須培養同理心。如果你是決策者，而其他人會因你的抉擇而承受後果的話，那麼了解他們的觀點和感受便是有效決策的關鍵所在。同理心不僅有助你做出決定，也能促進決定之後的溝通和管理。

▊ 了解技能和運氣扮演的角色

我們在企業界、投資，以及體育賽事等領域看到的結果，都是技能和運氣的融合。可是大多數人不太會去考慮這兩者的影響力。然而，在做決定和評估結果時，對於技巧和運氣的辨別卻是至關重要的。

在結果深受運氣影響的情況下，應該要預料會有均值回歸的情況產生，也就是在極端的結果之後，隨之而來的是比較普通的結果。運氣影響的比重愈大，就需要愈多的數據資料，才能從技巧和運氣元素之間的糾葛釐清頭緒。例如，短期投資的結果大多反映出隨機性，幾乎難以看出投資人的操盤技巧。

最後，如果要對某個人的表現提供建設性的批評時，務必得聚焦於技能。從定義來說，這是整個過程中唯一個人可以掌控的部分。人們在批評時，很容易將技巧和運氣混為一談。

▌聽取意見回饋

要想改善決策的品質，即時、正確，以及明確的意見回饋可說是最理想的辦法之一。刻意練習（deliberate practice）是培養專業技能的關鍵元素，而這種意見回饋則是刻意練習的核心。問題在於，不同領域的意見回饋品質差異極大。在某些領域裡（好比天氣預測及賭博），意見回饋來得快且精確。在其他領域中（包括長期投資及商業策略），意見回饋則會有時間上的延遲，而且往往模糊不清。舉例說明，研究顯示，天氣預測往往比財務分析師預測準確，這一點同樣反映出體系及意見回饋。[4]

意見回饋的價值有個前提，那就是你確實想要聽取這些意見。可是心理學家菲利浦・泰洛克針對專家進行深入的研究之後卻發現，他們有「信念體系防衛」（belief system defenses）現象。[5] 就算證據明擺在眼前，證明他們預測錯誤，專家為了顏面還是有辦法捍衛自己的抉擇。因此這個教訓在於，如果你不加以應用，意見回饋再好也沒有用。

　　如果你認真改善決定的品質，而且坦然接受意見回饋，那麼有個技巧既簡單、價格低廉，而且深具價值——那就是撰寫決策日誌。當你必須做出重大決策的時候，不妨花點時間寫下你要決定的事情，你要如何做出抉擇，以及你希望有什麼樣的結果。如果你有時間、也有意願的話，也可記錄當時的身心感受。

　　保存良好的日誌有兩個好處。你可藉此檢討自己的決策。我們在做出決定、看到結果之後，心中對於抉擇又有了不同的想法（在結果良好時尤其如此）。因此，親筆寫下自己做決定的過程，比較不會在事後出現新的解讀。在決策過程不佳的情況下，這種檢討過程尤其有助於達成好的成果。

　　另外一個好處則是有助於找出模式。當你檢討日誌時，或許可先探討你的感受和做出決策的方式之間有何關係。好比說，你或許會注意到，當心情好的時候，比較可能會對自己的評估太有自信。

　　西洋棋大師喬希・維茲勤（Josh Waitzkin）如此描述

曾獲世界西洋棋冠軍的彼得羅辛（Tigran Petrosian）。彼得
羅辛每逢耗時數天、或是好幾個禮拜的棋賽，早上起床之
後便會在房間靜坐，仔細評估自己的心情。接著他會根據
這樣的心情來規劃戰略，結果大獲成功。日誌也可為類似
的自省提供結構性的工具。[6]

▌建立檢核表

在面臨艱難的抉擇時，你會想要仔細思索無意中可能
忽略了哪些事情。決策檢核表可以派上用場。

譬如，《新英格蘭醫學雜誌》（*The New England Journal
of Medicine*）刊登一份研究報告的結果，追蹤手術在採用
檢核表之前和之後，發生術後併發症的比率。這份研究是
根據全世界 8 個城市 7,600 多個手術的數據。研究人員發
現，醫師採用檢核表時，病患的死亡率降低將近一半，其
他併發症也減少三分之一。[7]當然，機師也認為檢核表對於
確保飛安有很大的幫助。不過問題是你能不能建立一份各

種活動都適用的檢核表。

人們對於檢核表的利用並不夠充分。不過，檢核表的適用性其實主要跟領域的穩定度有關。在穩定的環境裡，因果關係非常明顯，而且事物不會有太多的改變，檢核表在此情況下就很有價值。不過，在瞬息萬變的環境中，許多事情都得視情況而定，如此要建立檢核表就困難得多。在這些環境裡，檢核表有助於決策的某些層面。譬如，投資人評估股票時，可能會建立檢核表以確保妥善建立財務模型。

好的檢核表應可平衡兩個互相矛盾的目標。檢核表應該具有一般性，足以適用於不同的條件；但又要有具體性，足以做為行動的指引。要找到這樣的平衡點，表示檢核表不應該太長；理想的檢核表要在一、兩頁的篇幅內。

若你未曾建立過檢核表，不妨試試看，觀察會浮現什麼樣的議題。專注於步驟或程序，思索以前的決策在哪裡偏離了正軌；並體認到錯誤往往是忽略某個步驟的結果，而不是因為某些步驟執行不當的影響。

▍事後檢討

　　許多人對於事後檢討都很熟悉，也就是看到結果之後再對決策進行分析。譬如，教學醫院會舉行有關發病率和死亡率的研討會議，檢討病患照護的錯誤以及改善決策流程。不過，心理學家蓋瑞・克萊恩（Gary Klein）則提出事前檢討的概念，這是在做出決定之前進行的流程。在進行這種分析時，你會假設身處未來，而且所做的決定已經失敗。接著，你會為這個失敗的原因找出合理的解釋。其實，你是在做出決定之前，便試著了解自己的決定為什麼可能造成不好的結果。克萊恩的研究顯示，比起其他技巧，事前檢討的做法能讓人們找到更多潛在的問題，而且促進更開放的交流。

　　透過決策日誌，可為個人或團體進行事前檢討的工作。觀察可能造成失敗的潛在問題，或許也能揭露麻煩的早期徵兆。[8]

▌ 了解自己不足之處

在大多數的日常決定中，因果關係都很明確。如果你做了某件事情，大概都能知道會有什麼樣的結果。不過，當決定牽涉到多方互動的系統時，因果關係往往模糊不清。譬如，氣候變遷會有什麼樣的後果？恐怖分子接下來會在哪裡出擊？新的科技何時會出現？記住華倫‧巴菲特曾說過的話：「意外幾乎都沒有什麼好事。」[9] 所以說，在進行事前檢討時，考慮最壞的情況極為重要；但這個環節卻普遍為人所忽略。

另外，也要力抗誘惑，別把複雜的體系單純視之。在金融界，要如何讓金融模型既能為操盤手所用，又能掌握市場的大脈動，可說是最巨大的挑戰之一。股票市場這類複雜體系，其結果原本就具有豐富的多元性，而金融界大多數巨大災難追根究柢，都不脫金融模型未能掌握這種特性的原因。

決策有個弔詭之處很有意思。幾乎每個人都明白其重要性，可是真正會在行動之中落實的人卻是少之又少。我們為什麼不讓年輕人練習決策？為什麼幾乎沒有什麼專業人士——執行主管、律師，以及政府官員——通曉這些重要的理念。

　　有些常見、輕易可見的錯誤是大家都能夠理解、日常生活中隨處可見，而且能夠有效管理。以這些錯誤來說，妥善決策的正確方式往往和我們出於直覺的想法背道而馳。不過，既然大家都已知道何時應該再想一下，那麼較好的決策就會隨之而來。所以說，請做好心理準備，了解背景環境的條件，並運用正確的技巧，便可身體力行了。

謝辭

對於能夠從體貼與令人讚嘆的人們身上學習，我由衷地表示感謝。在書寫《泛蠢》的過程中，所有鼓勵、指引以及教導我的每個人，都讓這趟漫長旅程更加豐富且充滿收穫。

我在美盛資產管理公司的同事們，自始至終都提供寶貴的支持與合作。在金融市場面臨艱困時，我能夠撰寫這本書，則見證了這個組織對於學習的承諾。尤其是 Bill Miller 及 Kyle Legg 提供了我接受這項挑戰所需的彈性，我希望能夠完完全全地償還他們對我的信心。

以下這些人仁慈寬厚地與我分享他們的時間和知識，幫助我澄清觀點，或是當我偏離方向時協助我重拾正軌。他 們 是 Orley Ashenfelter、Greg Berns、Angela Freymuth Caveney、Clayton Christensen、Katrina Firlik、Brian

Roberson、Phil Rosenzweig、Jeff Severts、Thomas Thurston，以及 Duncan Watts。

要獲得正確的觀念與想法不是件容易的事。我很榮幸擁有一個小組來閱讀與評論本書的章節，其中每位成員都是該領域的領導者。感謝 Steven Crist、Scott Page、Tom Seeley、Stephen Stigler、Steve Strongatz，以及 David Weinberger。

自始至終，聖塔菲學會（The Santa Fe Institute）對我而言都是學習和靈感的絕佳來源。該學會採取了多元領域的方法，來了解複雜系統內產生的共通主題。聖塔菲學會吸引了擁有好奇心智而又願意彼此合作的人們，而我個人則要感謝學會的科學家、工作人員，以及網絡成員願意與我分享豐富想法。同時也要特別感謝 Doug Erwin、Shannon Larsen、John Miller、Scott Page，以及 Geoffrey West。

閱讀草稿的同時，還能提供作者意見絕非易事且又費時。我很幸運擁有一群極為優秀，來自於各種不同生活背景的夥伴。他們是 Paul DePodesta、Doug Erwin、Dick Foster、Michelle Mauboussin、Bill Miller、Michael Persky、

Al Rappaport、David Shaywitz，以及三位匿名的審閱者。謝謝你們寶貴的時間，還有助益良多的推薦。

　　長久以來，我一直都景仰丹尼爾‧卡尼曼的工作成就。在本書的研究工作中，我對於他在心理學領域，尤其是在決策機制上的貢獻，所擁有的尊敬更加深厚。在心理學研究上，他當之無愧絕對是位偉大人物，本書中幾乎每一個觀念都可見到他研究的身影。

　　我想要特別讚揚我的朋友 Laurence Gonzales。這些年來，Laurence 和我都曾經提問過有關決策的相同問題。但由於我們彼此之間擁有非常不同的背景和經驗組合，他讓我大開眼界，接觸到許多嶄新與有用的觀點。單單就他願意與我分享他的想法一事，就讓我覺得虧欠他許多。

　　不過，身為一位才華洋溢的作者，Laurence 對我的協助遠遠超過想法上的交流。當一收到本書的草稿時，他便特別花功夫從頭到尾詳細編輯。跟著他的評語逐一修改，是我從事過最困難卻又最有收穫的工作之一。他教導了我寫作的技藝，督促我淬鍊思考能力，同時堅持清晰的原則。透過 Laurence 的幫忙，本書的書寫協助傳遞觀念，而非讓觀念影響了書寫。

美盛資產管理公司的同事 Dan Callahan 對於整個專案扮演了舉足輕重的角色。Dan 提供了不可或缺的研究支援，也統一協調了所有圖表。更重要的是，他讀過所有章節不可計數的草稿，提供了實用的意見，其努力程度遠遠超出職責要求。Dan，非常感謝你。

我也想要感謝 A. J. Alper，他想出了本書的書名，而且仁慈地讓我使用。A. J. 在創意和商業點子上擁有絕佳的平衡，和他共事非常愉快。

我想要謝謝哈佛商業出版社的編輯 Kirsten Sandberg，她帶領著這項專案，從腦力激盪開始、直到完成最後的產品。跟 Kirsten 互相交換想法總是有所助益，她的建議讓原稿在重要之處更顯清晰。我要感謝 Kirsten 讓我時時以我們的讀者、我們所要傳遞的訊息，以及如何讓兩者相互連結在一起為念。Ania Wieckowski 在整個編輯的過程裡，不論大小事情都表現卓越。同時，Jen Waring 讓製作過程順暢又有效率。

我的妻子 Michelle 提供了源源不絕的關愛、支持與諮
商。她也鼓勵我去追求自己的熱情所在。在我的生命中，
我的母親 Clotilde Mauboussin 一直是一股堅毅不搖的穩定
力量。我的岳母 Andrea Maloney Schara 是我們家庭生活中
的一部分，她保有一股令人敬佩的學習欲望。最後，我要
感謝我的小孩 Andrew、Alex、Madeline、Isabelle，以及
Patrick。他們每一位都透過某種方式協助我書寫本書，而
我希望未來在他們的生命裡，他們會發現這些觀念想法有
所助益。

注釋

前言

1.Stephen Greenspan, "Why We Keep Falling for Financial Scams," Wall Street Journal, January 3, 2009.

2.Roger Lowenstein, 《天才殞落：華爾街最扣人心弦的風險賭局》（*When Genius Failed: The Rise and Fall of Long-Term Capital Management*, 2001 年藍鯨出版）。

3.Laurence Gonzales, Everyday Survival: Why Smart People Do Stupid Things (New York: W.W. Norton & Company, 2008), 92–97.

4.Camilla Anderson, "Iceland Gets Help to Recover from Historic Crisis," IMF Survey Online, December 2, 2008; and Michael Lewis, "Wall Street on the Tundra," Vanity Fair, April 2009, 140–147, 173–177.

5.Keith E. Stanovich, What Intelligence Tests Miss: The Psychology of Rational Thought (New Haven, CT: Yale University Press, 2009), 2–3.

6.Richard H. Thaler, "Anomalies: The Winner's Curse," The Journal of Economic Perspectives 2, no. 1 (1988): 191–202.

7.Max H. Bazerman, Judgment in Managerial Decision Making, 6th ed. (New York: John Wiley & Sons, 2006), 33–35.

8.Rosemarie Nagel, "Unraveling in Guessing Games: An Experimental Study," American Economic Review 85, no. 5 (1995): 1313–1326. Also, Richard H.

Thaler, "From Homo Economicus to Homo Sapiens," The Journal of Economic Perspectives 14, no. 1 (2000): 133–141. 多年來，我也在我授課的班級上舉行這項實驗。根據統計，最常見學生的回答依序是：0、22、1，以及 33。更詳細的內容，請見：Colin F. Camerer, Teck-Hua Ho, and Juin-Kuan Chong, "A Cognitive Hierarchy Model of Games," The Quarterly Journal of Economics 119, no. 3 (2004): 861–898.

9.Scott E. Page, The Difference: How the Power of Diversity Creates Better Groups, Firms, Schools, and Societies (Princeton, NJ: Princeton University Press, 2007), 36–41.

10.J. Edward Russo and Paul J. H. Schoemaker, Winning Decisions: Getting It Right the First Time (New York: Doubleday, 2002), 9 and 124.

11.Nassim Nicholas Taleb, 《隨機的致富陷阱：解開生活中的機率之謎》（Fooled by Randomness: The Hidden Role of Chance in Life and in the Markets, 2002 年時報出版）。

12.Daniel Kahneman and Amos Tversky, "Prospect Theory: An Analysis of Decision Making Under Risk," Econmetrica 47, no. 2 (1979): 263–291.

13.Danny Kahneman, "A Short Course in Thinking about Thinking," Edge.org, 2007, http://www.edge.org/3rd_culture/kahneman07/kahneman07_index.html.

第一章

1.Tom Pedulla, "Big Brown Makes His Run at Immortality," USA Today, June 6, 2008.

2.Ryan O'Halloran, "A 'Foregone Conclusion'?" Washington Times, May 30, 2008.

3. 嚴格來講，大棕馬最後甚至沒有跑完全程。

4.Arthur Bloch, Murphy's Law: The 26th Anniversary Edition (New York: Perigee Trade, 2003), 70–71.

5. 統計數據取自 Cristblog with Steve Crist, 包括 "Triple Crown Bids" (May 19, 2008) 及 "Triple Crown Figs" (May 21, 2008). 請見 http:// cristblog.drf. com/.

6.Dan Lovallo and Daniel Kahneman, ."Delusions of Success," Harvard Business Review, July 2003, 56–63.

7.Shelley E. Taylor and Jonathan D. Brown, "Illusion and Well-Being: A Social Psychological Perspective on Mental Health," Psychological Bulletin 103, no. 2 (1988): 193–210.

8.Mark D. Alicke and Olesya Govorun, "The Better-Than-Average Effect," in The Self in Social Judgment, ed. Mark D. Alicke, David A. Dunning, and Joachim I. Krueger (New York: Psychology Press, 2005), 85–106.

9.Justin Kruger and David Dunning, "Unskilled and Unaware of It: How Difficulties in Recognizing One's Own Incompetence Lead to Infl ated Self-Assessments," Journal of Personality and Social Psychology 77, no. 6 (1999): 1121–1134.

10.Neil D. Weinstein, "Unrealistic Optimism about Future Life Events," Journal of Personality and Social Psychology 39, no. 5 (1980): 806–820.

11.Ellen J. Langer, "The Illusion of Control," Journal of Personality and Social Psychology 32, no. 2 (1975): 311–328.

12.Michael C. Jensen, "The Performance of Mutual Funds in the Period 1945–1964," The Journal of Finance 23, no. 2 (1968): 389–416. Also, Burton G. Malkiel, "Returns from Investing in Equity Mutual Funds 1971–1991," The

Journal of Finance 50, no. 2 (1995): 549–572. 關於基金經理人的表現，請見 Laurent Barras, O. Scaillet, and Russ R. Wermers, "False Discoveries in Mutual Fund Performance: Measuring Luck in Estimated Alphas," Robert H. Smith School research paper RH 06-043, Swiss Finance Institute research paper 08-18, September 1, 2008. 關於基金經理人的費用成本，請見 Kenneth R. French, "Presidential Address: The Cost of Active Investing," The Journal of Finance 63, no. 4 (2008): 1537–1573.

13. Mark L. Sirower, The Synergy Trap: How Companies Lose the Acquisition Game (New York: Free Press, 1997), 123; Tom Copeland, Tim Koller, and Jack Murrin,《事業評價：價值管理的基礎》（ Valuation: Measuring and Managing the Value of Companies, 2002 年，華泰出版）。

14. Francesco Guerrera and Julie MacIntosh, "Luck Played Part in Rohm and Haas Deal," Financial Times, July 10, 2008.

15. Alfred Rappaport and Michael J. Mauboussin, Expectations Investing: Reading Stock Prices for Better Returns (Boston: Harvard Business School Press, 2001), 153–169.

16. 對於發展中的醫病關係模型，請見 Raisa B. Deber, "Physicians in Health Care Management: The Patient-Physician Partnership: Decision Making, Problem Solving and the Desire to Participate," Canadian Medical Association 151, no. 4 (1994): 423–427. 關於病患自做錯誤的決定，請見 Donald A. Redelmeier, Paul Rozin, and Daniel Kahneman, "Understanding Patients' Decisions: Cognitive and Emotional Perspectives," The Journal of the American Medical Association 270, no. 1 (1993): 72–76.

17. Angela K. Freymuth and George F. Ronan, "Modeling Patient Decision-Making: The Role of Base-Rate and Anecdotal Information," Journal of Clinical Psychology in Medical Settings 11, no. 3 (2004): 211–216. 更多傳聞的力量，

請參閱 Mark Turner, The Literary Mind (New York: Oxford University Press, 1996).

18.Roger Buehler, Dale Griffin, and Michael Ross, "Inside the Planning Fallacy: The Causes and Consequences of Optimistic Time Predictions," in Heuristics and Biases: The Psychology of Intuitive Judgment, ed. Thomas Gilovich, Dale Griffin, and Daniel Kahneman (Cambridge: Cambridge University Press, 2002), 250–270.

19.Daniel Gilbert, 《快樂為什麼不幸福？》（Stumbling on Happiness, 2006 時報出版）；James G. March, A Primer on Decision Making: How Decisions Happen (New York: Free Press, 1994).

20.Danny Kahneman, "A Short Course in Thinking about Thinking," Edge. org, 2007. 在運動方面同樣的例子，請見 Michael Lewis,《魔球——逆境中致勝的智慧》（Moneyball: The Art of Winning an Unfair Game, 2008 年早安財經出版）; and David Romer, "Do Firms Maximize? Evidence from Professional Football," The Journal of Political Economy 114, no. 2 (2006): 340–365.

21.Daniel Kahneman and Amos Tversky, "Intuitive Prediction: Biases and Corrective Procedures," in Judgment Under Uncertainty: Heuristics and Biases, ed. Daniel Kahneman, Paul Slovic, and Amos Tversky (Cambridge: Cambridge University Press, 1982), 414–421. 簡化的版本，請見 Lovallo and Kahneman, "Delusions of Success."

22.Stephen Jay Gould, 《生命的壯闊》（Full House: The Spread of Excellence from Plato to Darwin, 1999 年時報出版）。

23.Chuck Bower and Frank Frigo, "What Was Coach Thinking?" New York Times, February 1, 2009.

注釋

第二章

1.Steven Schultz, "Freshman Learn About Thinking from Nobel Laureate," Princeton Weekly Bulletin 94, no. 3 (2004).

2.Amos Tversky and Daniel Kahneman, "Judgment under Uncertainty: Heuristics and Biases," Science 185, no. 4157 (1974): 1124–1131.

3.Philip Johnson-Laird, How We Reason (Oxford: Oxford University Press, 2006), 417.

4.Billy Goodman, "Thinking about Thinking," Princeton Alumni Weekly, January 29, 2003, 26–27.

5.Philip N. Johnson-Laird, Mental Models (Cambridge: Harvard University Press, 1983); 較不那麼正式的討論，請見 Peter D. Kaufman, ed., Poor Charlie's Almanack, 2nd ed. (Virginia Beach, VA: PCA Publication, 2006). See also, Laurence Gonzales, Everyday Survival: Why Smart People Do Stupid Things (New York: W.W. Norton & Company, 2008), 19–32.

6. 嚴格來說，心智模型理論提出三項假設。首先，每個模型代表一種可能性。其次，模型是「標誌性」。最後，心智模式僅代表何者為真，但並不代表什麼是錯的。請參閱 Philip N. Johnson-Laird, "Mental Models and Reasoning," in The Nature of Reasoning, ed. Jacqueline P. Leighton and Robert J. Sternberg (Cambridge: Cambridge University Press, 2004), 169–204.

7.Nicholas Epley and Thomas Gilovich, "The Anchoring-and-Adjustment Heuristic: Why the Adjustments Are Insufficient," Psychological Science 17, no. 4 (2006): 311–318.

8.Gregory B. Northcraft and Margaret A. Neale, "Experts, Amateurs, and Real Estate: An Anchoring-and-Adjustment Perspective on Property Pricing Decisions," Organizational Behavior and Human Decision Processes 39, no. 1 (1987):

84–97.

9.Adam D. Galinsky and Thomas Mussweiler, "First Offers as Anchors: The Role of Perspective-Taking and Negotiator Focus," Journal of Personality and Social Psychology 81, no. 4 (2001): 657–669. See also, Deepak Malhotra and Max H. Bazerman, Negotiation Genius: How to Overcome Obstacles and Achieve Brilliant Results at the Bargaining Table and Beyond (New York: Bantam Books, 2007), 27–42.

10.Jerome Groopman, How Doctors Think (Boston: Houghton Miffl in, 2007), 41–44.

11.Ibid., 63–64; and Ian Ayres, 《什麼都能算，什麼都不奇怪》（Super Crunchers: Why Thinking-by-Numbers is the New Way to be Smart, 2008 年時報出版）。

12.Jason Zweig, Your Money and Your Brain: How the New Science of Neuroeconomics Can Help Make You Rich (New York: Simon & Schuster, 2007), 53–84.

13.Scott A. Huettel, Peter B. Mack, and Gregory McCarthy, "Perceiving Patterns in Random Series: Dynamic Processing of Sequence in Prefrontal Cortex," Nature Neuroscience 5, no. 5 (2002): 485–490.

14.Leeat Yariv, "I'll See It When I Believe It—A Simple Model of Cognitive Consistency," discussion paper 1352, Cowles Foundation, New Haven, CT, February 2002.

15.Carol Tavris and Elliot Aronson, 《錯不在我？》（Mistakes Were Made (but not by me): Why We Justify Foolish Beliefs, Bad Decisions, and Hurtful Acts, 2010 年繆思出版）。

16.John F. Ashton, In Six Days: Why Fifty Scientists Choose to Believe in Creation (Green Forest, AZ: Master Books, 2001), 351–355; Richard Dawkins, The God

Delusion (Boston: Houghton Mifflin Company, 2006), 284–286.

17. Leon Festinger, Henry W. Riecken, and Stanley Schachter, When Prophecy Fails: A Social and Psychological Study of a Modern Group That Predicted the Destruction of the World (Minneapolis: University of Minnesota Press, 1956), 168.

18. Ibid., 176.

19. Raymond S. Nickerson, "Confirmation Bias: A Ubiquitous Phenomenon in Many Guises," Review of General Psychology 2, no. 2 (1998): 175–220.

20. Robert B. Cialdini, Influence: The Psychology of Persuasion, rev. ed. (New York: Quill, 1993), 60–61.

21. Elihu Katz and Paul F. Lazarsfeld, Personal Influence: The Part Played by People in the Flow of Mass Communications (New York: Free Press, 1955).

22. See http://www.thesmokinggun.com/archive/0322061cheney1.html.

23. Drew Westen, Pavel S. Blagov, Keith Harenski, Clint Kilts, and Stephan Hamann, "Neural Bases of Motivated Reasoning: An fMRI Study of Emotional Constraints on Partisan Political Judgment in the 2004 U.S. Presidential Election," Journal of Cognitive Neuroscience 18, no. 11 (2006): 1947–1958.

24. "Political Bias Affects Brain Activity, Study Finds," MSNBC.com, January 24, 2006.

25. Marvin M. Chun and René Marois, "The Dark Side of Visual Attention," Current Opinion in Neurobiology 12, no. 2 (2002): 184–189; Daniel J. Simons and Christopher F. Chabris, "Gorillas in Our Midst: Sustained Inattentional Blindness for Dynamic Events," Perception 28, no. 9 (1999): 1059–1074; William James, The Principles of Psychology, vol. 1 (New York: Henry Holt & Co., 1890); Rich-

ard Wiseman, 《比能力，更要比眼力》（*Did You Spot the Gorilla? How to Recognize Hidden Opportunities*, 2006 年大塊出版）; Arien Mack and Irvin Rock, Inattentional Blindness (Cambridge: MIT Press, 1998); and Torkel Klingberg, The Overflowing Brain: Information Overload and the Limits of Working Knowledge (New York: Oxford University Press, 2009).

26. David Klinger, Into the Kill Zone: A Cop's Eye View of Deadly Force (San Francisco: Jossey-Bass, 2004).

27. Robert M. Sapolsky, 《為什麼斑馬不會得胃潰瘍？》（*Why Zebras Don't Get Ulcers: An Updated Guide to Stress, Stress-Related Disease, and Coping*, 2001 年遠流出版）; Samuel M. McClure, David I Laibson, George Loewsenstein, and Jonathan D. Cohen, "Separate Neural Systems Value Immediate and Delayed Monetary Rewards," Science 306 (October 15, 2004), 503–507.

28. Jerome Groopman 也舉出相似的例子，請見 Groopman, How Doctors Think, 225–233.

29. George A. Akerlof and Robert J. Shiller, 《動物本能》（*Animal Spirits: How Human Psychology Drives the Economy, and Why It Matters for Global Capitalism*, 2010 天下文化出版）; Whitney Tilson and Glenn Tongue, More Mortgage Meltdown: 6 Ways to Profit in These Bad Times (New York: John Wiley & Sons, 2009), 29–47.

30. Alan Greenspan, "Testimony to the Committee of Government Oversight and Reform," October 23, 2008.

31. Max H. Bazerman, George Loewenstein, and Don A. Moore, "Why Good Accountants Do Bad Audits," Harvard Business Review, November 2002, 97–102; and Don A. Moore, Philip E. Tetlock, Lloyd Tanlu, and Max H. Bazerman, "Conflicts of Interest and the Case of Auditor Independence: Moral Seduction and Strategic Issue Cycling," Academy of Management Review 31, no. 1 (2006):

注釋

10–29.

32.Malhotra and Bazerman, Negotiation Genius, 19–24. See also, Max H. Bazerman and Michael D. Watkins, 《透視危機：有效辨識及處理危機的實務指南》（*Predictable Surprises: The Disasters You Should Have Seen Coming and How to Prevent Them*, 2008 年中國生產力中心出版）。

33.J. Edward Russo and Paul J. H. Schoemaker, Winning Decisions: Getting It Right the First Time (New York: Currency, 2002), 86–89.

34.Doris Kearns Goodwin, Team of Rivals: The Political Genius of Abraham Lincoln (New York: Simon & Schuster, 2005).

35.Søren Kierkegaard, The Diary of Søren Kierkegaard (New York: Carol Publishing Group, 1993), 111; and Max H. Bazerman, Judgment in Managerial Decision Making, 6 th ed. (New York: John Wiley & Sons, 2006), 37–39.

36.Antonio Damasio, The Feeling of What Happens: Body and Emotion in the Making of Consciousness (New York: Harcourt Brace & Company, 1999), 42.

第三章

1.James Surowiecki, 《群眾的智慧》（T*he Wisdom of Crowds: Why the Many Are Smarter Than the Few and How Collective Wisdom Shapes Business, Economies, Societies and Nations*, 2005 年遠流出版）。

2.Gary Hamel with Bill Breen, 《管理大未來：新管理正在淘汰舊商業》（T*he Future of Management*, 2007 年天下文化出版）；Renée Dye, "The Promise of Prediction Markets: A Roundtable," The McKinsey Quarterly, no. 2 (April 2008): 83–93; and Steve Lohr, "Betting to Improve the Odds," New York Times, April 9, 2008.

3. 預測市場是實際貨幣的兌換中心，在其中，人們會賭上事件及預測的結果。因此價格能反映事件發生的機率。請參閱 Kenneth J. Arrow, Robert Forsythe, Michael Gorham, Robert Hahn, Robin Hansen, John O. Ledyard, Saul Levmore, Robert Litan, Paul Milgrom, Forrest D. Nelson, George R. Neumann, Marco Ottaviani, Thomas C. Schelling, Robert J. Shiller, Vernon L. Smith, Erik Snowberg, Cass R. Sunstein, Paul C. Tetlock, Philip E. Tetlock, Hal R. Varian, Justin Wolfers, and Eric Zitzewitz, "The Promise of Prediction Markets," Science 320 (May 16, 2008):877–878; Bo Cowgill, Justin Wolfers, and Eric Zitzewitz, "Using Prediction Markets to Track Information Flows: Evidence from Google," working paper, 2008.

4.Phred Dvorak, "Best Buy Taps 'Prediction Market,'" Wall Street Journal, September 16, 2008.

5.Hilke Plassmann, John O'Doherty, Baba Shiv, and Antonio Rangel, "Marketing Actions Can Modulate Neural Representations of Experienced Pleasantness," Proceedings of the National Academy of Sciences 105, no. 3 (2008): 1050–1054.

6.Ian Ayres, 《什麼都能算，什麼都不奇怪》（*Super Crunchers: Why Thinking-by-Numbers is the New Way to be Smart*, 2008 年時報出版）。

7.Orley Ashenfelter, "Predicting the Quality and Prices of Bordeaux Wines," Working paper no . 4, American Association of Wine Economists, April 2007.

8.Steven Pinker, 《心智探奇》（*How the Mind Works*, 2006 年台灣商務出版）。

9.J. Scott Armstrong, Monica Adya, and Fred Collopy, "Rule-Based Forecasting: Using Judgment in Time-Series Extrapolation" in Principles of Forecasting: A Handbook for Researchers and Practitioners, ed. J. Scott Armstrong (New York: Springer, 2001), 259–282; and John D. Sterman and Linda Booth Sweeney, "Managing Complex Dynamic Systems: Challenge and Opportunity for Naturalistic Decision-Making Theory," in How Professionals Make Decisions, ed. Henry Montgomery, Raanan Lipshitz, and Berndt Brehmer (Mahway, NJ: Lawrence Erlbaum Associates, 2005), 57–90.

10.Gary Loveman, "Diamonds in the Data Mine," Harvard Business Review, May 2003, 109–113.

11.Michael T. Belongia, "Predicting Interest Rates: A Comparison of Professional and Market-Based Forecasts," Federal Reserve Bank of St. Louis, March 1987, 9–15; and Deirdre N. McCloskey, If You're So Smart: The Narrative of Economic Expertise (Chicago: University of Chicago Press, 1990), 111–122.

12.Joe Nocera, "On Oil Supply, Opinions Aren't Scarce," New York Times, September 10, 2005.

13.Eric Bonabeau, "Don't Trust Your Gut," Harvard Business Review, May 2003, 116–123.

14.Michael J. Mauboussin, "What Good Are Experts?" Harvard Business Review, February 2008, 43–44; and Bruce G. Buchanan, Randall Davis, and Edward A. Feigenbaum, "Expert Systems: A Perspective from Computer Science" in The Cambridge Handbook of Expertise and Expert Performance, ed. K. Anders Ericsson, Neil Charness, Paul J. Feltovich, and Robert R. Hoffman (Cambridge: Cambridge University Press, 2006), 87–103.

15. 更多內容，請見 www.netflixprize.com. Clive Thompson, "If You Liked This, You're Sure to Love That," New York Times Magazine, November 23, 2008. Jordan Ellenberg, "The Netflix Challenge: This Psychologist Might Outsmart the Math Brains Competing for the Netflix Prize," Wired Magazine, March 2008, 114–122.

16.Paul E. Meehl, Clinical versus Statistical Prediction: A Theoretical Analysis and a Review of the Evidence (Minneapolis: University of Minnesota Press, 1954);

Robyn M. Dawes, David Faust, and Paul E. Meehl, "Clinical versus Actuarial Judgment," in Heuristics and Biases: The Psychology of Intuitive Judgment, ed. Thomas Gilovich, Dale Griffin, and Daniel Kahneman (Cambridge: Cambridge University Press, 2002), 716–729; Reid Hastie and Robyn M. Dawes, 《判斷與決策心理學：不確定世界中的理性選擇》（*Rational Choice in an Uncertain World*, 2009 年學富文化出版）; William M. Grove, David H. Zald, Boyd S. Lebow, Beth E. Snitz, and Chad Nelson, "Clinical Versus Mechanical Prediction: A Meta-Analysis," Psychological Assessment 12, no. 1 (2000): 19–30.

17. Philip E. Tetlock, Expert Political Judgment: How Good Is It? How Can We Know? (Princeton, NJ: Princeton University Press, 2005), 54.

18. Scott E. Page, The Difference: How the Power of Diversity Creates Better Groups, Firms, Schools, and Societies (Princeton, NJ: Princeton University Press, 2007), 205–214. 群眾可以解決各種不同形式的問題，請參閱 Michael J. Mauboussin, "Explaining the Wisdom of Crowds: Applying the Logic of Diversity," Mauboussin on Strategy, March 20, 2007.

19. Jack L. Treynor, "Market Efficiency and the Bean Jar Experiment," Financial Analysts Journal, May–June 1987, 50–53.

20. J. Scott Armstrong, "Combining Forecasts," in Principles of Forecasting: A Handbook for Researchers and Practitioners, ed. J. Scott Armstrong (New York: Springer, 2001), 417–439.

21. Malcolm Gladwell, 《決斷 2 秒間》（*Blink: The Power of Thinking Without Thinking*, 2005 年時報出版）; Gary Klein, 《直覺，為決策之本》（*Sources of Power: How People Make Decisions*, 2003 年商智出版）。

22. Daniel Kahneman, "Maps of Bounded Rationality: A Perspective on Intuitive Judgment and Choice," Nobel Prize Lecture, December 8, 2002, Stockholm, Sweden.

23. Michelene T. H. Chi, Robert Glaser, and Marshall Farr, eds., The Nature of Expertise (Hillsdale, NJ: Lawrence Erlbaum Associates, 1988), xvii–xx; Robin M. Hogarth, Educating Intuition (Chicago: University of Chicago Press, 2001); David G. Myers, 《你該不該相信直覺？》（Intuition: Its Powers and Perils, 2009 年漫遊者文化出版）; Gerd Gigerenzer, 《半秒直覺》（Gut Feelings: The Intelligence of the Unconscious, 2009 年大塊文化出版）; Charles M. Abernathy and Robert M. Hamm, Surgical Intuition: What It Is and How to Get It (Philadelphia: Hanley & Belfus, 1995).

24. Geoff Colvin, 《我比別人更認真》（Talent is Overrated: What Really Separates World-Class Performers from Everybody Else, 2009 年天下文化出版）。

25. Malcolm Gladwell, "Reinventing Invention," speech at The New Yorker Conference, May 8, 2008. See http://www.newyorker.com/online/video/conference/2008/gladwell; see also, Malcolm Gladwell, "Most Likely to Succeed: How Do We Hire When We Can't Tell Who's Right for the Job?" The New Yorker, December 15, 2008, 36–42.

26. Frank E. Kuzmits and Arthur J. Adams, "The NFL Combine: Does It Predict Performance in the National Football League?" The Journal of Strength and Conditioning Research 22, no. 6 (2008): 1721–1727.

27. Duncan J. Watts, "A Simple Model of Global Cascades on Random Networks," Proceedings of the National Academy of Sciences 99, no. 9, April 30, 2002: 5766–5771; Duncan J. Watts, 《6 個人的小世界》（Six Degrees: The Science of a Connect Age, 2009 年大塊文化出版）; Victor M. Eguiluz and Martin G. Zimmerman, "Transmission of Information and Herd Behavior: An Application to Financial Markets," Physical Review Letters 85, no. 26 (2000): 5659–5662.

28. Irving Janis, Groupthink: Psychological Studies of Policy Decisions and Fiascoes, 2nd ed. (Boston: Houghton Mifflin, 1982); and Cass R. Sunstein, Infoto-

pia: How Many Minds Produce Knowledge (Oxford: Oxford University Press, 2006), 45–46.

29.Tetlock, Expert Political Judgment, 73–75.

30.Saul Hansell, "Google Answer to Filling Jobs Is an Algorithm," New York Times, January 3, 2007.

第四章

1.S. E. Asch, "Effects of Group Pressure Upon the Modification and Distortion of Judgments," in Groups, Leadership and Men, ed. Harold Guetzkow (Pittsburgh: Carnegie Press, 1951), 177–190.

2.Gregory S. Berns, Jonathan Chappelow, Caroline F. Zink, Giuseppe Pagnoni, Megan Martin-Skurski, and Jim Richards, "Neurobiological Correlates of Social Conformity and Independence During Mental Rotation," Biological Psychiatry 58 (22 June 2005): 245–253.

3.Sandra Blakeslee, "What Other People Say May Change What You See," New York Times, June 28, 2005.

4.Gregory Berns, Iconoclast: A Neuroscientist Reveals How to Think Differently (Boston: Harvard Business Press, 2008), 92–97.

5."Conformity," ABC Primetime Lab, January 12, 2006. See http://abcnews.go.com/Primetime/Health/story?id=1495038.

6.Paul Slovic, Melissa Finucane, Ellen Peters, and Donald G. MacGregor, "The Affect Heuristic," in Heuristics and Biases: The Psychology of Intuitive Judgment, ed. Thomas Gilovich, Dale Griffin, and Daniel Kahneman (Cambridge: Cambridge University Press, 2002), 397–420.

7.David Berreby, Us and Them: Understanding Your Tribal Mind (New York: Little, Brown and Company, 2005).

8.Lee Ross, "The Intuitive Psychologist and His Shortcomings," in Advances in Experimental Social Psychology, ed. Leonard Berkowitz (New York: Academic Press, 1977), 173–220; and Thomas Gilovich, Dacher Keltner, and Richard E. Nisbett, Social Psychology (New York: W.W. Norton & Company, 2006), 360–369.

9.Richard E. Nisbett,《思維的疆域：東方人與西方人的思考方式為何不同》（The Geography of Thought: How Asians and Westerners Think Differently . . . and Why, 2007 年聯經出版）。

10.Michael W. Morris and Kaiping Peng, "Culture and Cause: American and Chinese Attributions for Social and Physical Events," Journal of Personality and Social Psychology 67, no. 6 (1994): 949–971.

11.Adrian C. North, David J. Hargreaves, and Jennifer McKendrick, "In-store Music Affects Product Choice," Nature 390 (November 13, 2007): 13.

12.John A. Bargh, Mark Chen, and Laura Burrows, "Automaticity of Social Behavior: Direct Effects of Trait Construction and Stereotype Activation on Action," Journal of Personality and Social Psychology 71, no. 2, (1996): 230–244.

13.Ibid.

14.Rob W. Holland, Merel Hendriks, and Henk Aarts, "Smells Like Clean Spirit: Nonconscious Effects of Scent on Cognition and Behavior," Psychological Science 16, no. 9 (2005): 689–693.

15.Naomi Mandel and Eric J. Johnson, "When Web Pages Infl uence Choice: Effects of Visual Primes on Experts and Novices," Journal of Consumer Research 29, no. 2 (2002): 235–245.

16.Eric J. Johnson and Daniel Goldstein, "Do Defaults Save Lives?" Science 302 (November 21, 2003): 1338–1339.

17.Richard H. Thaler and Cass R. Sunstein, 《推力：決定你的健康、財富與快樂》（Nudge: Improving Decisions About Health, Wealth, and Happiness, 2009 年時報出版）; Daniel G. Goldstein, Eric J. Johnson, Andreas Herrmann, and Mark Heitmann, "Nudge Your Customers Toward Better Choices," Harvard Business Review, December 2008, 99–105; and Dan Ariely,《誰說人是理性的！》（Predictably Irrational: The Hidden Forces That Shape Our Decisions, 2008 年天下文化出版）。

18.George F. Loewenstein, Elke U. Weber, Christopher K. Hsee, and Ned Welch, "Risk as Feelings," Psychological Bulletin 127, no. 2 (2001): 267–286.

19.R. B. Zajonc, ed., The Selected Works of R. B. Zajonc (New York: John Wiley & Sons, 2004), 256.

20. 舉例來說，投資人在股市中獲得極佳的報酬之後，往往預期會出現更好的成績。請參閱 Donald G. MacGregor, "Imagery and Financial Judgment," The Journal of Psychology and Financial Markets 3, no. 1 (2002): 15–22.

21.Slovic et al., "The Affect Heuristic," 408.

22.Stanley Milgram, Obedience to Authority (New York: Harper & Row, 1974), 6.

23.Jerry M. Burger, "Replicating Milgram: Would People Still Obey Today?" American Psychologist 64, no. 1 (2009): 1–11.

24.Philip Zimbardo, 《路西法效應》（The Lucifer Effect: Understanding How Good People Turn Evil, 2008 年商周出版）。

25.Ibid., 210–221.

26.Peter F. Drucker, Management Challenges for the 21st Century (New York:

注釋

HarperBusiness, 1999), 74.

27.David Leonhardt, "Why Doctors So Often Get It Wrong," New York Times, February 22, 2006.

28.Atul Gawande, "The Checklist," The New Yorker, December 10, 2007, 86–95; Atul Gawande, "A Lifesaving Checklist," New York Times, December 30, 2007; and Peter Pronovost, "Testimony before Government Oversight Committee," April 16, 2008.

29.Bargh, Chen, and Burrows, "Automaticity of Social Behavior," 241.

30. 同註解 24。

31.Warren E. Buffett, "Chairman's Letter," Berkshire Hathaway Annual Report to Shareholders, 1989.

32.Michiyo Nakamoto and David Wighton, "Citigroup Chief Stays Bullish on Buy-Outs," Financial Times, July 9, 2007.

第五章

1.Quote from biologist Deborah Gordon in Peter Miller, "The Genius of Swarms," National Geographic, July 2007, 126–147. See also Herbert A. Simon, The Sciences of the Artificial, 3rd ed. (Cambridge: MIT Press, 1996), 51–54.

2.Thomas D. Seeley, P. Kirk Visscher, and Kevin M. Passino, "Group Decision Making in Honey Bee Swarms," American Scientist 94, no. 3 (2006): 220–229.

3.Eric Bonabeau and Guy Théraulaz, "Swarm Smarts," Scientifi c American, March 2000, 82–90. See also Eric Bonabeau, Marco Dorigo, and Guy Théraulaz, Swarm Intelligence: From Natural to Artificial Systems (New York: Oxford University Press, 1999); Thomas D. Seeley, The Wisdom of the Hive (Cambridge:

Harvard University Press, 1995); and Steven Johnson, Emergence: The Connected Lives of Ants, Brains, Cities, and Software (New York: Scribner, 2001).

4.Thomas D. Seeley and P. Kirk Visscher, "Sensory Coding of Nest-site Value in Honeybee Swarms," The Journal of Experimental Biology 211, no. 23 (2008): 3691–3697.

5.See John H. Holland, Hidden Order: How Adaptation Builds Complexity (Reading, MA: Helix Books, 1995); Murray Gell-Mann, The Quark and the Jaguar: Adventures in the Simple and the Complex (New York: W.H. Freeman, 1994); and John H. Miller and Scott E. Page, Complex Adaptive Systems: An Introduction to Computational Models of Social Life (Princeton, NJ: Princeton University Press, 2007).

6.P. W. Anderson, "More is Different," Science 177, no. 4047 (1972): 393–396. See also Herbert A. Simon, "The Architecture of Complexity," Proceedings of the American Philosophical Society 106, no. 6 (1962): 467–482; and Thomas C. Schelling, Micromotives and Macrobehavior (New York: W.W. Norton & Company, 1978).

7.Lewis Wolpert, Six Impossible Things Before Breakfast: The Evolutionary Origins of Belief (New York: W.W. Norton, 2007). See also Gilles Fauconnier and Mark Turner, The Way We Think: Conceptual Blending and the Mind's Hidden Complexities (New York: Basic Books, 2002), 75–87.

8.Joseph LeDoux, 《腦中有情》（The Emotional Brain: The Mysterious Underpinnings of Emotional Life, 2001 年遠流出版）；David M. Cutler, James M. Poterba, and Lawrence H. Summers, "What Moves Stock Prices?" The Journal of Portfolio Management, Spring 1989, 4–12.

9.Shyam Sunder, "Relationship Between Accounting Changes and Stock Prices: Problems of Measurement and Some Empirical Evidence," Journal of Accounting Research: Empirical Research in Accounting: Selected Studies 1973 11 (1973): 1–45.

10. Vernon L. Smith, Rationality in Economics: Constructivist and Ecological Forms (Cambridge: Cambridge University Press, 2008). See also Charles R. Plott and Vernon L. Smith, eds., Handbook of Experimental Economics Results: Volume 1 (Amsterdam: North-Holland, 2008).

11. John R. Graham, Campbell R. Harvey, and Shiva Rajgopal, "Value Destruction and Financial Reporting Decisions," Financial Analysts Journal 62, no. 6 (2006): 27–39.

12. Max H. Bazerman, Judgment in Managerial Decision Making, 6th ed. (New York: John Wiley & Sons, 2006), 18–21.

13. Alston Chase, Playing God in Yellowstone: The Destruction of America's First National Park (Boston: The Atlantic Monthly Press, 1986). See also Douglas W. Smith and Gary Ferguson, Decade of the Wolf: Returning the Wild to Yellowstone (Guilford, CT: The Lyons Press, 2005).

14. Chase, Playing God in Yellowstone, 44.

15. Robert K. Merton, "The Unanticipated Consequences of Purposive Social Action," American Sociological Review 1, no. 6 (1936): 894–904.

16. James Surowiecki, "Did Lehman Brothers' Failure Matter?" The New Yorker. com, March 9, 2009; and Steve Stecklow and Diya Gullapalli, "A Money-Fund Manager's Fateful Shift," Wall Street Journal, December 8, 2008.

17. Michael E. Kerr and Murray Bowen, Family Evaluation: The Role of the Family as an Emotional Unit that Governs Individual Behavior and Development (New York: W.W. Norton & Company, 1988).

18.A. Bruce Steinwald, "Primary Care Professionals: Recent Supply Trends, Projections, and Valuation of Services," Testimony Before the Committee on Health Education, Labor, and Pensions, U.S. Senate, February 12, 2008.

19.Boris Groysberg, Ashish Nanda, and Nitin Nohria, "The Risky Business of Hiring Stars," Harvard Business Review, May 2004, 92–100; and Ulrike Malmendier and Geoffrey Tate, "Superstar CEOs," working paper no. 14140, NBER, June 2008.

20.Groysberg, Nanda, and Nohria, "The Risky Business of Hiring Stars"; and Boris Groysberg, Lex Sant, and Robin Abrams, "How to Minimize the Risks of Hiring Outside Stars," Wall Street Journal, September 22, 2008.

21.Geoffrey B. West and James H. Brown, "Life's Universal Scaling Laws," Physics Today, September 2004, 36–42.

22.Charles Perrow, Normal Accidents: Living with High-Risk Technologies (Princeton, NJ: Princeton University Press, 1999). See also Richard Bookstaber, 《金融吃人魔》（A Demon of Our Own Design: Markets, Hedge Funds, and the Perils of Financial Innovation, 2009 年早安財經出版）; and Laurence Gonzales, 《冷靜的恐懼》（Deep Survival: Who Lives, Who Dies, and Why, 2009 年張老師文化出版）。

23.John D. Sterman, Business Dynamics: Systems Thinking and Modeling for a Complex World (Boston: Irwin McGraw-Hill, 2000).

24.John D. Sterman, "Teaching Takes Off: Flight Simulations for Management Education," http://web.mit.edu/jsterman/www/SDG/beergame.html.

25.Jay W. Forrester, "Counterintuitive Behavior of Social Systems," Testimony Before the Subcommittee on Urban Growth of the Committee on Banking and Currency, U.S. House of Representatives, October 7, 1970.

26.Dhananjay K. Gode and Shyam Sunder, "Allocative Efficiency of Markets with Zero Intelligence Traders: Market as a Partial Substitute for Individual Rationality," The Journal of Political Economy 101, no. 1 (1993): 119–137.

第六章

1.Frank J. Sulloway, 《天生反骨》（*Born to Rebel: Birth Order, Family Dynamics, and Creative Lives*, 1998 年平安文化出版）。

2.Rex Dalton, "Quarrel Over Book Leads to Call For Misconduct Inquiry," Nature 431 (October 21, 2004): 889; Judith Rich Harris, 《教養的迷思》（*The Nurture Assumption: Why Children Turn Out the Way They Do*, 2000 年商周出版）; Frederic Townsend, "Birth Order and Rebelliousness: Reconstructing the Research in Born to Rebel," Politics and the Life Sciences 19, no. 2 (2000): 135–156; Steven Pinker, The Blank Slate: The Modern Denial of Human Nature (New York: Viking, 2002),389–390; and Judith Rich Harris, 《基因或教養》（*No Two Alike: Human Nature and Human Individuality*, 2007 年商周出版）。

3.John Horgan, The Undiscovered Mind: How the Human Brain Defi es Replication, Medication, and Explanation (New York: Free Press, 1999), 192.

4.Susan Goldsmith, "Frank's War," East Bay Express, April 28, 2004.

5.Philip Zimbardo, 《路西法效應》（*The Lucifer Effect: Understanding How Good People Turn Evil*, 2008 年 商 周 出 版 ）; Cécile Ernst and Jules Angst, Birth Order: Its Influence on Personality (Berlin: Springer-Verlag, 1983), 284; and Jeremy Freese, Brian Powell, and Lala Carr Steelman, "Rebel Without a Cause or Effect: Birth Order and Social Attitudes," American Sociological Review 64, no. 2 (1999): 207–231.

6.Paul R. Carlile and Clayton M. Christensen, "The Cycles of Theory Building in Management Research," Harvard Business School Working Paper Series, no. 05–057, 2005; and Barney G. Glaser and Anselm L. Strauss, The Discovery of Grounded Theory: Strategies for Qualitative Research (New Brunswick, NJ: Aldine, 1967).

7.Dominic Gates, "Boeing May Junk Worldwide Assembly for Next Jet," Seattle Times, November 1, 2007; James Wallace, "Boeing Executive Faults Some 787 Suppliers," Seattle Post-Intelligencer, November 1, 2007; J. Lynn Lunsford, "Boeing Scramble to Repair Problems With New Plane," Wall Street Journal, December 7, 2007; and J. Lynn Lunsford, "Outsourcing at Crux of Boeing Strike," Wall Street Journal, September 8, 2008.

8.Clayton M. Christensen, Matt Verlinden, and George Westerman, "Disruption, Disintegration and the Dissipation of Differentiability," Industrial and Corporate Change 11, no. 5 (2002): 955–993; and Carliss Y. Baldwin and Kim B. Clark, Design Rules: The Power of Modularity (Cambridge: MIT Press, 2000).

9. 關於該遊戲的詳細資料，請參考：Brian Roberson, "The Colonel Blotto Game," Economic Theory 29, no. 1 (2006): 1–24; 更詳細的討論，請見：Scott E. Page, The Difference: How the Power of Diversity Creates Better Groups, Firms, Schools, and Societies (Princeton, NJ: Princeton University Press, 2007), 112–114; and Jeffrey Kluger, Simplexity: Why Simple Things Become Complex (and How Complex Things Can Be Made Simple) (New York: Hyperion, 2008), 183–185.

10.Russell Golman and Scott E. Page, "General Blotto: Games of Allocative Strategic Mismatch," Public Choice, 138, no. 3 (2009): 279–299.

11.For this example, I selected an Xa/Xb ratio of 0.13. Using Theorem 3 from Roberson, "The Colonel Blotto Game," the expected payoff is 2.5 percent when n equals 9. Using Theorem 2, the expected payoff is 6.7 percent when n equals 15.

12.Eli Ben-Naim, Federico Vazquez, and Sidney Redner, "Parity and Predictability of Competitions," Journal of Quantitative Analysis in Sports 2, no. 4 (2006): 1–12.

13. 請見 http://www.amsta.leeds.ac.uk/~pmt6jrp/personal/blotto.html.

14.Based on Page, The Difference, 113.

15.David J. Leinweber, "Stupid Data Miner Tricks: Overfitting the S&P 500," The Journal of Investing, 16, no. 1 (2007): 15–22; and Phil Rosenzweig, 《光環效應：科學分析成功模式的九大陷阱》（The Halo Effect ...... and the Eight Other Business Delusions That Deceive Managers, 2007 年商智出版）。

16.Judea Pearl, Causality: Models, Reasoning, and Inference (Cambridge: Cambridge University Press, 2000); Stephen L. Morgan and Christopher Winship, eds., Counterfactuals and Causal Inference: Methods and Principles for Social Research (Cambridge: Cambridge University Press, 2007); and Paul R. Rosenbaum, Observational Studies, 2nd ed. (New York: Springer, 2002).

17.David A. Kenny, Correlation and Causality (New York: John Wiley & Sons, 1979); and B. Shannon, J. Peacock, and M. J. Brown, "Body fatness, television viewing and calorie-intake of a sample of Pennsylvania sixth grade children," Journal of Nutrition Education 23, no. 6 (1991): 262–268.

18.Jared Diamond, 《大崩壞》（Collapse: How Societies Choose to Fail or Succeed, 2006 年時報出版）。

19.Clayton M. Christensen, 《創新的兩難》（The Innovator's Dilemma: When New Technologies Cause Great Companies to Fail, 2007 年商周出版）。

20.Eric D. Beinhocker, The Origin of Wealth: Evolution, Complexity, and the

Radical Remaking of Economics (Boston: Harvard Business School Press, 2006); and Kathleen M. Eisenhardt and Donald N. Sull, "Strategy as Simple Rules," Harvard Business Review, January 2001, 107–116.

21.David Halberstam, The Education of a Coach (New York: Hyperion, 2005), 46–51.

第七章

1.Steven Strogatz, Sync: The Emerging Science of Spontaneous Order (New York: Hyperion, 2003), 171–176. See also Nonie Niesewand, "Will Norman Foster and Anthony Caro Cross the Thames in a Blade of Light?" The Independent, September 25, 1997.

2.Pat Dallard, Tony Fitzpatrick, Anthony Flint, Angus Low, Roger Ridsdill Smith, Michael Willford, and Mark Roche, "London Millennium Bridge: Pedestrian-Induced Lateral Vibration," Journal of Bridge Engineering 6, no. 6 (2001): 412–417; and Deyan Sudjic, Blade of Light: The Story of London's Millennium Bridge (London: Penguin Books, 2001).

3.Andy Beckett, "Shaken Not Sturdy," The Guardian, July 18, 2000.

4.Philip Ball,《用物理學找到美麗新世界》（*Critical Mass: How One Thing Leads to Another*, 2008 年木馬文化出版）.「grand ah-whoom」一詞，出自馮內果（Kurt Vonnegut）《貓的搖籃》（*Cat's Cradle*）；Malcolm Gladwell,《引爆趨勢：舉手之勞成大事》（*The Tipping Point: How Little Things Can Make a Big Difference*, 2000 年時報出版）。

5.Per Bak, How Nature Works: The Science of Self-Organized Criticality (New York: Springer-Verlag, 1996); and John H. Holland, Hidden Order: How Adaption Builds Complexity (Reading, MA: Addison-Wesley, 1995), 39–40.

6.Steven H. Strogatz, Daniel M. Abrams, Allan McRobie, Bruno Eckhardt, and Edward Ott, "Crowd Synchrony on the Millennium Bridge," Nature 483 (November 3, 2005): 43–44.

7.Neal J. Roese and James M. Olsen, eds., What Might Have Been: The Social Psychology of Counterfactual Thinking (Mahwah, NJ: Lawrence Erlbaum Associates, 1994).

8.M. E. J. Newman, "Power Laws, Pareto Distributions and Zipf's Law," arXiv:condmat, May 29, 2006; Chris Anderson, 《長尾理論》（The Long Tail: Why the Future of Business is Selling Less of More, 2006 年天下文化出版）；Arthur DeVany, Hollywood Economics: How Extreme Uncertainty Shapes the Film Industry (New York: Routledge, 2004).

9.Nassim Nicholas Taleb, 《黑天鵝效應》（The Black Swan: The Impact of the Highly Improbable, 2007 年大塊文化出版）。

10.James Surowiecki, 《群眾的智慧》（The Wisdom of Crowds: Why the Many Are Smarter Than the Few and How Collective Wisdom Shapes Business, Economies, Societies and Nations, 2005 年遠流出版）。

11.Blake LeBaron, "Financial Market Efficiency in a Coevolutionary Environment," Proceedings of the Workshop on Simulation of Social Agents: Architectures and Institutions, Argonne National Laboratory and University of Chicago, October 2000, Argonne 2001, 33–51; Paul Ehrlich and Brian Walker, "Rivets and Redundancy," BioScience 48, no. 5 (1998): 387; Robert M. May, Complexity and Stability in Model Ecosystems (Princeton, NJ: Princeton University Press, 1974); and Robert M. May, Simon A. Levin, and George Sugihara, "Ecology for Bankers," Nature 451 (February 21, 2008): 893–895.

12.Bertrand Russell, The Problems of Philosophy (Oxford: Oxford University Press, 1959); Taleb, 《黑天鵝效應》；Hyman P. Minsky, Stabilizing an Unstable Economy (New Haven, CT: Yale University Press, 1986). 關於投資者如何推斷的例子，請見 Hersh Shefrin，《公司行為財務》（*Behavioral Corporate Finance: Decisions That Create Value*, 2007 年雙葉書廊出版）。

13. Francesco Guerrera, "Merrill Losses Wipe Away Longtime Profi ts," Financial Times, August 28, 2008.

14. Karl Duncker, "On Problem Solving," Psychological Monographs 58, no. 270 (1945); Paul J. Feltovich, Rand J. Spiro, and Richard L. Coulsen, "Issues of Expert Flexibility in Contexts Characterized by Complexity and Change," in Expertise in Context: Human and Machine, ed. Paul J. Feltovich, Kenneth M. Ford, and Robert R. Hoffman (Menlo Park, CA, and Cambridge, MA: AAAI Press and MIT Press, 1997), 125–146. 《黑天鵝效應》中也探討類似的觀念。

15. Donald MacKenzie, An Engine, Not a Camera: How Financial Models Shape Markets (Cambridge: MIT Press, 2006).

16. Benoit Mandelbrot, "The Variation of Certain Speculative Prices," in The Random Character of Stock Market Prices, ed. Paul H. Cootner, (Cambridge: MIT Press, 1964), 369–412. 這也是《黑天鵝效應》中的核心概念。同時也請參閱 Benoit Mandelbrot and Richard L. Hudson，《股價、棉花與尼羅河密碼：碎型理論之父揭開金融市場之謎》（*The (Mis)Behavior of Markets*, 2007 年早安財經出版）。

17. Paul H. Cootner, "Comments on The Variation of Certain Speculative Prices," in Cootner, The Random Character of Stock Market Prices, 413–418.

18. Philip Mirowski, The Effortless Economy of Science? (Durham, NC: Duke University Press, 2004), 232.

19. Felix Salmon, "Recipe for Disaster: The Formula That Killed Wall Street," Wired Magazine, March 2009, 74–79, 112.; and MacKenzie, An Engine, Not a Camera,

223 and 233.

20.Stephen Jay Gould, Wonderful Life: The Burgess Shale and the Nature of History (New York: W.W. Norton & Company, 1989), 292–323.

21.Matthew J. Salganik, Peter Sheridan Dodds, and Duncan J. Watts, "Experimental Study of Inequality and Unpredictability in an Artifi cial Cultural Market," Science 311 (February 10, 2006): 854–856. 有關大眾媒體的治療，請見 Duncan J. Watts, "Is Justin Timberlake a Product of Cumulative Advantage?" New York Times Magazine, April 15, 2007.

22.Paul Pierson, Politics in Time: History, Institutions, and Social Analysis (Princeton, NJ: Princeton University Press, 2004); and W. Brian Arthur, Increasing Returns and Path Dependence in the Economy (Ann Arbor, MI: University of Michigan Press, 1994).

23.Scott E. Page, "Path Dependence," Quarterly Journal of Political Science 1, no. 1 (2006): 87–115.

24.Arthur, Increasing Returns and Path Dependence in the Economy; Gladwell, 《引爆趨勢：舉手之勞成大事》（The Tipping Point）; and Richard Brodie, Virus of the Mind: The New Science of the Meme (Seattle, WA: Integral Press, 1996).

25. 關於股市，請見 Didier Sornette, Why Stock Markets Crash: Critical Events in Complex Financial Systems (Princeton, NJ: Princeton University Press, 2003); 關於恐怖主義行為，請見 Aaron Clauset and Maxwell Young, "Scale Invariance in Global Terrorism," arXiv:physics, May 1, 2005; 關於電力網絡，請見 Jie Chen, James S. Thorp, and Ian Dobson, "Cascading Dynamics and Mitigation Assessment in Power System Disturbances Via a Hidden Failure Model," Electrical Power and Energy Systems 27 (2005): 318–326.

26.Shankar Vedantam, "Vote Your Conscience. If You Can." Washington Post, December 31, 2007, A3.

27.Edward O. Thorp, The Mathematics of Gambling (Hollywood, CA: Gambling Times, 1984); J. L. Kelly Jr., "A New Interpretation of Information Rate," Bell System Technical Journal, 1956, 917–926; and William Poundstone, 《天才數學家的秘密賭局》（*Fortune's Formula: The Untold Story of the Unscientific Betting System that Beat The Casinos and Wall Street*, 2008 年平安文化出版）。

28.Michael Lewis, "The Natural-Catastrophe Casino," New York Times Magazine, August 26, 2007.

29.Jason Zweig, "Peter Bernstein Interview: He May Know More About Investing than Anyone Alive," Money Magazine, November, 2004, 143–148.

第八章

1.Tyler Kepner, "With Only 150 Games to Go, Steinbrenner Checks In," New York Times, April 18, 2005.

2.Stephen M. Stigler, Statistics on the Table: The History of Statistical Concepts and Methods (Cambridge: Harvard University Press, 1999), 173–188.

3.Michael Bulmer, Francis Galton: Pioneer of Heredity and Biometry (Baltimore, MD: John Hopkins University Press, 2003), 212–215.

4.Francis Galton, "Regression towards Mediocrity in Hereditary Stature," Journal of the Anthropological Institute 15 (1886): 252; Francis Galton, Natural Inheritance (London: MacMillan, 1889); and Peter L. Bernstein, 《與天為敵》（*Against the Gods: The Remarkable Story of Risk*, 1998 年商周出版）。

5.Stephen M. Stigler, The History of Statistics: The Measurement of Uncertainty before 1990 (Cambridge: Harvard University Press, 1986), 265–299.

6.Stigler, Statistics on the Table.

7.See http://www.edge.org/images/Kahneman_large.jpg.

8.Amit Goyal and Sunil Wahal, "The Selection and Termination of Investment Management Firms by Plan Sponsors," The Journal of Finance 63, no. 4 (2008): 1805–1847.

9.Michael Mauboussin, "Where Fools Rush In," Time, November 4, 2006, A44.

10.Michael J. Mauboussin, "Common Errors in DCF Models," Mauboussin on Strategy, March 23, 2006.

11.Horace Secrist, The Triumph of Mediocrity in Business (Evanston, IL: Bureau of Business Research, Northwestern University, 1933).

12.W. Brian Arthur, "Increasing Returns and the New World of Business," Harvard Business Review, July–August 1996, 101–109; and Carl Shapiro and Hal Varian, Information Rules: A Strategic Guide to the Network Economy (Boston: Harvard Business School Press, 1998).

13.Harold Hotelling, "Reviewed work: The Triumph of Mediocrity in Business by Horace Secrist," Journal of the American Statistical Association 28, no. 184 (1933): 463–465.

14.Stephen M. Stigler, "Milton Friedman and Statistics," in The Collected Writings of Milton Friedman, ed. Robert Leeson (New York: Routledge, forthcoming).

15.Jason Zweig, "Do You Sabotage Yourself ? Daniel Kahneman Has Done More Than Anyone Else to Explain Why Most of Us Make So Many Mistakes as Investors—And What We Can Do About It," Money, May 1, 2001, 74–78. See also Thomas Gilovich, How We Know What Isn't So: The Fallibility of Human Reason in Everyday Life (New York: Free Press, 1991), 27–28.

16.Edward L. Thorndike, "A Constant Error in Psychological Ratings," Journal of Applied Psychology 4, no.1 (1920): 469–477.

17.Phil Rosenzweig, 《光環效應》(*The Halo Effect...... and the Eight Other Business Delusions That Deceive Managers*, 2007 年商智出版）。

18.Phil Rosenzweig "The Halo Effect and Other Managerial Delusions," The McKinsey Quarterly, February 2007, 77–85.

19.Dan Bilefsky and Anita Raghavan, "Blown Fuse: How 'Europe's GE' and Its Star CEO Tumbled to Earth," Wall Street Journal, January 23, 2003.

20.Richard Tomlinson and Paola Hjelt, "Dethroning Percy Barnevik," Fortune International, April 1, 2002, 38–41.

21.Tom Arnold, John H. Earl Jr., and David S. North, "Are Cover Stories Effective Contrarian Indicators?" Financial Analysts Journal 63, no. 2 (2007): 70–75. See also Alexander Wolff, "SI Flashback: That Old Black Magic," Sports Illustrated, January 21, 2002.

22.Ray Murphy and Rod Truesdell, eds., Ron Shandler's Baseball Forecaster 2008 (Roanoke, VA: Shandler Enterprises, 2007), 10–12.

23.Annie Duke, "Testimony before the House Committee on the Judiciary," November 14, 2007.

24.Amos Tversky and Daniel Kahneman, "Belief in the Law of Small Numbers," Psychological Bulletin 76, no. 2 (1971): 105–110.

25.Michael Lewis, 《魔球》(*Moneyball: The Art of Winning an Unfair Game*, 早安財經出版）；Nassim Nicholas Taleb, 《隨機的致富陷阱》(*Fooled by Randomness: The Hidden Role of Chance in Life and in the Markets*, 2002 年

時報出版）。

26.Michael Bar-Eli, Simcha Avugos, and Markus Raab, "Twenty Years of 'Hot Hand' Research: Review and Critique," Psychology of Sport and Exercise 7, no. 6 (2006): 525–553.

27.Jerker Denrell, "Why Most People Disapprove of Me: Experience Sampling in Impression Formation," Psychological Review 112, no. 4 (2005): 951–978.

28.Stephen Jay Gould, Full House: The Spread of Excellence from Plato to Darwin (New York: Harmony Books, 1996), 109.

結論

1.John Allen Paulos, A Mathematician Reads the Newspaper (New York: Basic Books, 1995).

2.Philip Maymin, "Music and the Market: Song and Stock Market Volatility," Working paper, SSRN, November 4, 2008.

3.Avinash K. Dixit and Barry J. Nalebuff, The Art of Strategy: A Game Theorist's Guide to Success in Business and Life (New York: W.W. Norton & Company, 2008).

4.Tadeusz Tyszka and Piotr Zielonka, "Expert Judgments: Financial Analysts Versus Weather Forecasters," The Journal of Psychology and Financial Markets 3, no. 3 (2002): 152–160.

5.Philip E. Tetlock, Expert Political Judgment: How Good Is It? How Can We Know? (Princeton, NJ: Princeton University Press, 2005), 129–143.

6.Josh Waitzkin, 《學習的王道》（The Art of Learning: A Journey in the Pursuit of Excellence, 2007 年大塊出版）。

7.Atul A. Gawande, MD, et al., "A Surgical Checklist to Reduce Morbidity and Mortality in a Global Population," New England Journal of Medicine 360, no. 5 (20009): 491–499. See also Peter Bevelin, Seeking Wisdom: From Darwin to Munger, 3rd ed. (Malmö, Sweden: Post Scriptum AB, 2007), 287–296.

8.Gary Klein, "Performing a Project Pre mortem," Harvard Business Review, September 2007, 18–19; and Deborah J. Mitchell, J. Edward Russo, and Nancy Pennington, "Back to the Future: Temporal Perspective in the Explanation of Events," Journal of Behavioral Decision Making 2, no. 1 (1989): 25–38.

9.Warren E. Buffett, "Chairman's Letter," Berkshire Hathaway Annual Report to Shareholders, 1996.

泛蠢

偵測99%聰明人都會遇到的思考盲區，哥倫比亞商學院的高效決斷訓練
Think Twice: Harnessing the Power of Counterintuition

作者：麥可‧莫布新(Michael J. Mauboussin)｜譯者：胡瑋珊｜主編：鍾涵瀞｜特約副主編：李衡昕｜行銷企劃總監：蔡慧華｜視覺：萬勝安、吳靜雯｜社長：郭重興｜發行人兼出版總監：曾大福｜出版發行：八旗文化／遠足文化事業股份有限公司｜地址：23141 新北市新店區民權路108-2號9樓｜電話：02-2218-1417｜傳真：02-8667-1851｜客服專線：0800-221-029｜信箱：gusa0601@gmail.com｜臉書：facebook.com/gusapublishing｜法律顧問：華洋法律事務所 蘇文生律師｜出版日期：2022年9月｜電子書EISBN：9786267129715（PDF）、9786267129722（EPUB）｜定價：420元

國家圖書館出版品預行編目(CIP)資料

泛蠢：偵測99%聰明人都會遇到的思考盲區,哥倫比亞商學院的高效決斷訓練 / 麥可‧莫布新(Michael J. Mauboussin) 著；胡瑋珊譯. -- 新北市：八旗文化出版：遠足文化事業股份有限公司發行, 2022.09

300面；14.8×21公分

譯自：Think twice : harnessing the power of counterintuition

ISBN 978-626-7129-75-3（平裝）

1.CST: 決策管理

494.1   111012260